优化耕作与秸秆还田固碳减排增产效能分析

Optimized Tillage and Straw Return: A Quantitative Analysis of Carbon Sequestration, Emission Reduction, and Yield Enhancement

田慎重　等著

化学工业出版社
·北京·

内容简介

本书主要介绍了优化耕作、轮耕组合和秸秆还田条件下土壤有机碳长期演变规律及固碳机制、温室气体排放特征及主要影响因子、小麦和玉米周年产量与碳足迹评价等方面的研究成果。

本书具有较强的系统性和实践性，能够为黄淮海区域通过耕作方式和轮耕组合提升土壤碳库水平、增强土壤“碳汇”能力、减缓温室气体排放、提高作物生产力水平等提供技术数据和理论支撑材料，也能够为农业资源与环境领域的科研人员、农业技术人员及管理人员提供参考，还可供高等学校环境科学与工程、生态工程、农业工程及相关专业师生参阅。

图书在版编目(CIP)数据

优化耕作与秸秆还田固碳减排增产效能分析 / 田慎重等著. -- 北京 : 化学工业出版社，2025. 9. -- ISBN 978-7-122-48842-8

Ⅰ. S341;S141.4

中国国家版本馆 CIP 数据核字第 2025PW7338 号

责任编辑：刘　婧　刘兴春　　文字编辑：郭丽芹

责任校对：刘曦阳　　装帧设计：刘丽华

出版发行：化学工业出版社（北京市东城区青年湖南街 13 号　邮政编码 100011）

印　　装：北京科印技术咨询服务有限公司数码印刷分部

710mm×1000mm　1/16　印张 $9^3/_4$　字数 141 千字

2025 年 9 月北京第 1 版第 1 次印刷

购书咨询：010-64518888　　售后服务：010-64518899

网　　址：http://www.cip.com.cn

凡购买本书，如有缺损质量问题，本社销售中心负责调换。

定　　价：98.00 元

《优化耕作与秸秆还田固碳减排增产效能分析》
著者名单

主要著者

田慎重

次要著者

管西林　宁堂原　高新昊

其他著者

陈月明　吕慎强　雷复玲

刘　振　边文范

前言

粮食安全是“国之大者”，保障粮食和重要农产品稳定安全供给始终是建设农业强国的头等大事。粮食安全的根基在耕地，耕地是粮食生产的命根子。党的十八大以来，我国耕地质量总体进入持续改善、稳中有升阶段，粮食生产条件明显增强，粮食安全基础更加坚实。黄淮海区域是我国粮食主产区之一，该区域耕地面积占全国总耕地面积的24.7%，冬小麦播种面积占全国70%以上，产量占全国总产量的50%～65%，玉米播种面积占全国35%以上，产量占全国总产量的36%～40%，为保障我国粮食安全和重要农产品供给做出了重要贡献。由于该区域耕地长期高强度利用，加之耕作、秸秆还田、肥料投入结构等不合理的管理措施，农田耕层紧实化、浅薄化等问题日趋严重，土壤结构退化，水肥利用效率偏低，有机质矿化分解加速，不仅影响耕地健康和可持续利用，而且造成土壤碳汇功能下降，农田温室气体排放加剧。

在全面推进乡村振兴进程中，以保障粮食安全和重要农产品有效供给为前提，大力发展农业绿色低碳新技术、新模式是推动农业农村绿色高质量发展的重要举措。合理的农业管理措施不仅可以提高土壤质量，改善农田生态环境，还能提升粮食产能和农产品品质，节约农业资源投入。土壤耕作和秸秆还田是小麦、玉米等主要粮食作物生产的关键农业管理环节。合理地耕作和秸秆还田能够改善耕层结构，增加耕层深度，提高水肥利用效率，提高土壤有机质含量，是维护高强度利用耕地土壤健康、保障粮食高产稳产的重要农艺措施。目前，黄淮海区域等我国主要粮食产区仍以旋耕、浅耕为主，长期旋耕与大量的秸秆还田造成耕层浅薄、犁底层上移、秸秆与土壤混合不均，导致整地播种质量差、土壤结构退化、水肥利用率低、有机碳固存效率低等一系列问题，成为粮食大面积单产提升的主要制约因素。因此，本书总结了笔者及其团队近10年来在优化耕作和秸秆还田提高土壤有机碳含量、减少温室气体排放、提升小麦和玉米产量与碳足迹评价等方面的研究成果，期望该成果能够为黄淮海区域选择合理耕作方式和轮耕组合来提升土壤碳库水平、增强土壤“碳汇”能力、减缓温室气体排放、提高作物生产力水平提供参考。

本书的出版有幸得到了“十二五”国家科技支撑计划（2012BAD14B07）、公益性行业（农业）科研专项（201503121）、国家自然科学基金（41701337）、国家重点研发计划课题（2021YFD1901002）、山东省自然科学基金（ZR2015CQ007）、山东省重点研发计划（2018GNC111017、2024CXPT075）、山东省生态农业产业技术体系岗位专家项目（SDAIT-30-15）等资助，在此深表感谢。

在成书过程中，限于著者水平及撰写时间，本书不足或疏漏之处在所难免，敬请读者批评指正。

著　者

2025 年 5 月

目 录

第 11 章 轮耕和秸秆还田的温室气体排放和温室效应

128

第 12 章 优化耕作和秸秆还田的碳足迹分析

135

第1章

概述

1.1 耕地土壤有机碳库

土壤有机碳(soil organic carbon,SOC)库是陆地生态系统最大的碳库,在全球碳循环中起着重要的作用。土壤 1 m 深度碳库储量约为 1500 Pg (1 Pg=10^{15} g),是大气碳库的 2 倍,植被碳库的 3 倍。其中农田土壤碳储量占陆地土壤碳储量的 8%~10%,是陆地生态系统碳循环过程中的重要源-汇介质,其较小幅度变化便可对大气二氧化碳(CO_2)浓度产生重大影响,从而影响全球气候变化(赵明月等,2022)。土壤有机碳主要存在于土壤微生物体、动植物残体及被微生物分解和合成的所有含碳的有机物质之中(吴海梅等,2022),通过对土壤结构和功能的控制,调节土壤过程,提供生物量生产、生物多样性维持及水分储存等多种生态系统服务。因此,土壤有机碳库作为陆地碳库极其重要的组成部分,对农业发展、耕地质量、生态环境保护以及固碳减排产生较大影响,是土壤肥力形成、粮食生产和土壤健康的基础,在评价土壤肥力、水文特性和温室气体排放潜力,以及维持生态系统的碳氧平衡、调节气候等方面具有重要意义(Kang et al.,2024;吴能祥等,2024)。

土壤有机碳是土壤养分的重要组成部分,影响土壤理化性质,是耕地土壤肥力培育的核心。中国是一个农业历史悠久的农业大国,全国耕地面积约占全球耕地面积的 9%,但人口约占全球人口的 20%,人均耕地面积不足 0.1 hm^2。我国耕地土壤利用强度高、频繁翻耕、过量施肥及作物秸秆清除或焚烧等粗放经营方式,导致农田土壤团聚体结构破坏、土壤微生物多样性降低、有机物质的分解转化加速,进而加剧农田土壤退化,并引发农田土壤有机碳含量的下降(刘红梅等,2020)。不同农田管理措施,如耕作方式、轮作制度、秸秆还田等,在很大程度上会引起土壤有机碳的动态变化(孙雪等,2021)。休耕、免耕、少耕技术的应用以及稻麦轮作、小麦玉米轮作等农业生产措施可以显著提升农田表层土壤有机碳含量,改变土壤物理性质,影响有机碳分解和转化,进而影响有机碳储量。近年来,为缓解农田土壤退化,我国大力推广诸如免耕、深耕、轮耕等优化耕作制度。秸秆还田不仅可以增加土壤有机质,改善土壤的理化性质,而且可以有效地减少水土流失,进而减少土壤碳流失。相关研究表明,连续 10 年秸秆还田后土壤总有机碳、轻组有机碳和重组有机碳含量均显著增加(Gan et al.,2022);秸秆覆盖可以使土壤有机碳含量提升19.1%,免耕可提高15.1%的有机碳含量(董秀,2023)。

自然环境中,温度、降水、光照等都是影响土壤有机碳的因素。气候变化对土壤有机碳的影响尤为显著,气温升高会增强土壤微生物的呼吸活性,导致细菌在土壤微生物中的比例上升,促进有机碳的分解(刘国栋等,2021),降水能够堵塞土壤孔隙,在土壤内部形成厌氧环境,抑制微生物活性,减少有机碳的消耗(Murugan et al.,2019)。土地利用类型变化也是土壤有机碳时空分布的主要驱动因素,旱地和水浇地是土壤有机碳的主要储库,由水田转为旱地和建设用地形成土壤碳源,而由旱地转化为水田和林地则构成土壤碳汇。土壤活性有机碳是土壤中稳定性低、易氧化、易分解的一类碳素。相较于其他碳素,土壤活性有机碳的含量较低,但活性高,转换速率快,对土壤管理措施反应敏感,影响土壤碳的释放。有机碳的净消耗会造成土壤质量和生物活性下降,同时加剧温室效应,造成陆地生态系统尤其是耕地土壤碳储量处于低水平状态(李理等,2020),耕地土壤固碳不仅能够提高土壤有机碳含量,提升土壤碳储量,也是减缓大气 CO_2 浓度升高的最经济途径之一。因此,提升耕地土壤有机碳库对于我国农业农村减排固碳及农业绿色发展意义重大。

1.2
耕地土壤温室气体排放

陆地生态系统对全球和区域气候具有重要影响,而农田生态系统作为陆地生态系统的组成部分,是人类活动最为频繁的系统,既是温室气体排放的重要来源,又是重要的碳汇系统。一方面,农作物和土壤呼吸向大气中释放二氧化碳,农业活动和化肥使用释放甲烷、氧化亚氮,形成巨大的碳排放量;另一方面,农作物通过光合作用吸收大气中的二氧化碳,以生物量的形式储存在作物中,并利用农田土壤进行固碳,形成强大的碳汇系统,贡献了全球范围内约14%的人为温室气体排放与58%的非人为 CO_2 排放。

据联合国粮农组织统计,农业用地释放出的温室气体超过全球人为温室气体排放总量的30%;在中国,农业生产活动是除能源消耗和工业生产过程外最大的人类温室气体排放源(范紫月等,2022)。中国作为世界农业大国，也作为发展中国家，对农业生产高度依赖，耕地土壤温室气体排放量逐年增加，其排放量占全国总量的20%左右，占全球农业排放量的12%。其中，氧化亚氮的排放占据了较大比例（92%），农业土壤中的N_2O排放由化肥添加导致的氮排放和土壤含氮物质在硝化反硝化作用中的氮排放两部分组成，氮肥可直接提供N_2O产生的底物，被广泛认为是N_2O排放的主要来源（宋帆，2019；程琨等，2021）。农业土壤产生的CH_4占全国排放总量的50%，全球范围内农业CH_4排放占全球人为甲烷排放总量的半数以上，水稻种植是农业CH_4排放的主要来源之一，占全球人为甲烷排放量的10%以上。因此，调控稻田种植产生的CH_4是控制农田生态系统温室气体排放的有效目标（夏四友等，2019；顾纪祥等，2024）。耕地土壤中CO_2排放占比较小，为20%，主要为秸秆焚烧释放的CO_2。因此，有效控制温室效应的关键在于减少CH_4和N_2O的排放。农业温室气体排放已成为重大气候变化的关键驱动因素，全球约1/4的温室气体排放来自农业和土地利用方式的改变，对人类健康和全球生态系统产生了巨大影响。因此，发展低碳农业已成为中国迈向农业现代化进程的重要步骤（Menegat et al.，2022）。

合理的农业管理措施可以有效缓解温室气体的排放，提高土壤固碳水平，增加土壤肥力，是促进农业生态可持续发展的重要技术措施（严圣吉等，2022）。不同的田间耕作方式主要是通过改变农田土壤的理化环境，如土壤的水肥气热情况，从而影响农田土壤二氧化碳的排放。传统耕作对表层土壤频繁干扰，改变了土壤理化性质，造成土壤有机质降解并且促进温室气体排放，少耕、免耕通过增加碳封存来减少温室气体排放，有助于增强土壤结构和肥力，最大限度地减少N_2O排放（张志勇等，2020）。有机物料（秸秆、有机肥、生物炭等）投入是影响土壤温室气体排放的重要因素。我国秸秆资源十分丰富，农作物秸秆的过度剩余造成的生态环境问题日益突出，作物秸秆还田能改善土壤的紧实状况、孔隙结构，同时秸秆腐解产生的营养物质有利于土壤固碳，提高作物产量，达到用地养地相结合的效果。

1.3 耕地土壤固碳减排对“双碳”目标的意义

“双碳”即“碳达峰”与“碳中和”的简称。碳达峰指二氧化碳排放量在某一个时间点达到历史峰值，随后进入平台期并逐步回落。碳中和则是通过植树造林，碳捕集、利用与封存(CCUS)等技术抵消无法减少的碳排放，实现净零排放。在全球气候变化的浪潮中，碳达峰和碳中和已成为全球各国的共同使命。其中，我国作为农业大国，应积极参与应对气候变化的全球治理，减少农业碳排放，高质量推进“双碳”目标的实现(刘祟刚等，2023)。

近年来，农药化肥等农业投入品的大量使用，在实现我国粮食增产方面发挥了重要作用，耕地面积扩大和投入品增加虽可助力粮食增产，但也导致农业温室气体排放显著增加，由此引发的土壤有机质含量降低等问题也将直接导致耕地的固碳能力下降(那维宝等，2023)。由于受到强烈的人为干扰，耕地土壤成为全球碳库中最活跃的部分，既是碳排放的重要源，也是碳固定的重要汇，耕地土壤碳库成为能在较短时间内被调控的碳库(魏燕华等，2013)。耕地土壤固碳能力的提升可直接减缓大气二氧化碳浓度增长，作物在生长过程中通过光合作用来吸收大气中的二氧化碳，并将其以有机质的形式存储在土壤碳库中，从而降低大气中二氧化碳等温室气体的浓度，同时增加土壤的有机质含量和提升土壤肥力。施用有机肥、秸秆还田、保护性耕作等措施，可提高耕地土壤固碳减排潜力、减少碳排放、实现农业固碳减排(张维理等，2020)。

需要注意的是，在实现固碳减排的同时，更要坚守粮食安全底线。包括耕地土壤碳排放在内的农业碳排放属于生存性、生理性排放，耕地土壤固碳减排不能以牺牲粮食安全为代价。统筹粮食安全与固碳减排，必须坚决贯彻“藏粮于地、藏粮于技”战略。藏粮于地的核心是耕地，必须坚持耕地数量、质量、生态“三位一体”保护。统筹耕地质量保护提升与耕地土壤固碳减排可从以下 3 个方面入手：

① 合理控制耕地投入要素利用强度，持续推进废弃物资源化利用，农业化学投入品减量增效，实现耕地农业生产投入“低量高效”，维护好土壤的固有碳库；

② 坚持保障粮食安全与耕地减污固碳、地力提升协同推进，推广保护性耕作、秸秆还田、有机肥施用、绿肥种植等固碳扩容措施，在增加土壤有机质含量即碳储量的同时，提高耕地土壤质量，改善农田生态环境，夯实粮食稳产增产根基(宋艳华等，2023)；

③ 通过激励和补偿的方式促进地方各级政府和农户积极响应和落实耕

地保护与固碳减排政策，促进耕地资源可持续利用，夯实国家粮食安全根基。

耕地土壤固碳减排通过“增汇”与“减排”双路径，成为“双碳”目标下农业绿色转型的核心抓手。其意义不仅在于气候治理，更关乎粮食安全、生态保护与乡村振兴的协同发展。农业减排增汇将是国家实现碳中和目标的重要支撑力量，实现“双碳”目标已成为当前中国农业绿色发展的关键任务。其中，耕地土壤固碳减排通过增强土壤碳汇能力和减少农业碳排放，为碳达峰和碳中和目标的实现提供重要支撑。

1.4 优化管理措施对耕地土壤固碳减排的作用

1.4.1 差异化耕作

合理的耕作措施配合秸秆还田是提高 SOC 库的重要措施。目前，在全世界范围内，通过长期的定位试验研究耕作及秸秆还田对土壤碳库的影响已经形成比较一致的观点：免耕措施在短期内能有效提高 SOC 库水平，特别是土壤表层。免耕配合秸秆还田是保护性耕作的核心内容之一。与传统耕作措施相比，保护性耕作措施倡导的少耕、免耕配合秸秆还田是提高有机碳水平的重要措施(Lenka et al.，2013)。但是，不是所有的保护性耕作措施都能有效提高 SOC 库水平。例如，我们的研究发现长期旋耕措施下耕地土壤表现为有机碳的净损失，这与利用反硝化-分解(DNDC)模型模拟的旋耕不利于土壤碳储量长期积累的结果类似。

土壤团聚体是有机碳保护的主要物理载体，其周转速率受土壤耕作方式影响强烈，进而影响 SOC 库水平(Mishra et al.，2010；Lipiec et al.，2012)。土壤团聚体对 SOC 的物理性保护作用是土壤的基础特性，使团聚体中包含的有机碳免遭破坏，而团聚体关联碳库能够敏感地响应农业管理措施(Bandyopadhyay et al.，2010)。耕作强度和频率、有机物质输入等能够显著地影响土壤中团聚体的数量及稳定性。长期采用不同耕作方式配合秸秆还田显著地影响土壤团聚体粒级的分布、稳定性，以及其关联的有机碳含量。大量研究表明，免耕不翻动土壤能有效地保护表层土壤团聚体的稳定性，进而可促进土壤有机碳的稳定存储。

差异化的耕作方式会改变土壤环境因子而影响温室气体排放。CH_4 吸收和 N_2O 排放与土壤温度、水分、pH 值、硝态氮和铵态氮含量等环境因子显著相关。在北方旱地，通气性良好的耕作土壤被认为是 CH_4 的吸收汇、N_2O 的排放源。有学者认为，耕作扰动对土壤吸收 CH_4 的影响是微小的。研究认为，农田土壤 CH_4 的吸收和排放与土壤中 CH_4 氧化菌及产 CH_4 菌等相关优势菌群数量相关。而 N_2O 的排放是硝化细菌与反硝化细菌共同作用的结果。少耕、免耕等优化耕作会减少 N_2O 的排放，增加 CH_4 的吸收。在免耕条件下，土壤水分过高会导致土壤紧实度升高，从而影响 CH_4 吸收（Ahmad et al.，2009；Li et al.，2011）。但是也有研究认为，免耕能够减少扰动，促进土壤对 CH_4 的吸收，过度扰动的耕作方式会影响土壤对 CH_4 的吸收。温室效应计算表明，免耕的 CH_4 和 N_2O 的全球增温潜能值（GWP）较大，说明免耕在短时间尺度内并不利于温室气体减排。而深松、旋耕等优化耕作下 GWP 较小，减排潜力较大。有研究通过长期的模型模拟表明，常规耕作、免耕处理的全球增温潜能值都呈增大趋势，但 15 年后趋于稳定，免耕的稳定值要显著小于常规耕作，说明免耕处理的温室气体减排潜力在远景尺度上要比常规耕作大。

1.4.2 秸秆还田

秸秆还田可增加有机质输入，从而提高土壤有机碳的含量，长期秸秆还田能够显著提高农田土壤有机碳库水平。在农业生态系统中，频繁的机械扰动加速了有机碳的矿化分解，且没有有机物质补充，导致 SOC 含量在短期内显著下降，造成土壤退化。因此，在现有农业管理措施中，合理的秸秆还田仍是提升农田土壤有机碳含量的主要措施之一。

秸秆还田后在土壤中腐解、矿化，使土壤中新鲜的有机物质增加，这大大提高了土壤中团聚体数量、稳定性、微生物活性等关键因子，这些因子驱动着土壤有机碳的分解、矿化、存储等过程。另外，土壤有机物质及其组分是团聚体形成的基础，作物秸秆输入速率是影响土壤团聚体碳储量的重要驱动因子。长期秸秆输入能够显著地提高大团聚体比例、稳定性及所结合有机碳含量。优化耕作和秸秆还田能够提高大团聚体的数量，增加土壤团聚体的稳定性，提高团聚体碳库对总有机碳库的贡献率，这些因素是提高土壤有机碳稳定性和有效存储的关键因素。研究表明，免耕、深松等优化耕作配合秸秆还田之所以有较高的土壤固碳能力，与其土壤中较高的大团聚体比例、稳定性有关，团聚体较高的稳定性不仅增加了土壤的团聚状况，而且降低了团聚体的周转速率，使土壤中的有机碳免遭矿化，从而提升有机碳库水平。

土壤有机碳可根据易氧化程度的不同分为活性有机碳和稳态碳两部分。土壤活性有机碳在土壤中不稳定、易分解矿化、活性较高、对农业生产措施反应灵敏；而稳态碳由于其物理化学性质稳定、较难分解，决定着稳定的土壤有机碳库的储备能力。土壤中活性有机碳占总有机碳比例及活性有机碳占非活性有机碳的比例（碳库活度）可在一定程度上反映土壤有机碳的质量和稳定程度，比例越高，有机碳越易被微生物分解矿化、周转期越短或活性越高；比例越小，土壤有机碳越稳定，越不易被生物所利用。土壤耕作和秸秆还田是重要的农业生产环节，土壤碳库中的活跃部分对其敏感响应，耕地土壤固碳不仅在于增加有机碳数量，更要关注有机碳质量或稳定性，尤其是土壤有机碳的潜在分解性质，而活性有机碳作为碳库指标之一，可用于进一步计算不同农业管理措施条件下的碳库管理指数，以反映耕作、秸秆还田等对土壤碳库动态变化的影响。碳库管理指数（CMI）是系统、敏感地反映和监测土壤有机碳变化的指标，能够反映土壤质量下降或更新的程度，其值的高低表明管理方式对土壤碳库变化的影响（徐明岗等，2006）。研究表明，秸秆还田有利于提高土壤有机碳及各项碳库指数，提高有机碳稳定性。免耕配合秸秆还田可以降低土壤碳库活度和碳库管理指数，有利于土壤碳的固定积累，增加碳储量。而我国目前农业生产中特别是北方小麦、玉米主产区常见的旋耕秸秆还田措施碳库活度最高，土壤中的有机碳易被微生物分解矿化。

1.5 国家相关政策

党的十八大以来，以习近平同志为核心的党中央把粮食安全作为治国理政的头等大事，习近平总书记指出“粮食安全是战略问题”“中国人的饭碗任何时候都要牢牢端在自己手中”，强调“耕地是粮食生产的命根子”“保耕地，不仅要保数量，还要提质量”。《中华人民共和国国民经济和社会发展第十四个五年规划和2035年远景目标纲要》提出，坚持最严格的耕地保护制度，强化耕地数量保护和质量提升。2023年，习近平主持召开中央财经委员会第二次会议强调：切实加强耕地保护，全力提升耕地质量，稳步拓展农业生产空间。2024年12月，中央农村工作会议强调，要强化耕地保护和质量提升，严格耕地占补平衡管理，建立耕地种植用途监测体系。2024年，《中共中央办公厅　国务院办公厅关于加强耕地保护提升耕地质量完善占补平衡的意见》提出，实施有机质提升行动。制定实施耕地有机质提升行动方案，改良培肥土壤，提升耕地地力，确保耕地有机质只增不减。建立耕地有机质提升标准化体系，加强示范引领。此外，国家先后实施了优粮工程、新增千亿斤粮食生产能力建设以及黑土地保护试点等重大项目，推广保护性耕作、秸秆还田、绿肥种植、增施有机肥、土壤改良培肥和测土配方施肥、种养循环等重大技术，有效促进了我国耕地土壤固碳减排。

未来，在国家和地方相关政策的引导下，推动耕地固碳与粮食安全、乡村振兴深度融合，探索低碳农业与乡村产业协同等多目标协同发展将是推动我国农业固碳减排的重要路径。可以预见的是，未来农业固碳减排技术革新将会以智能化、精准化、商业化、生态化为原则，其中，智能化农机装备、AI精准施肥、水肥一体化、生物定向调控、农业全产业链碳汇管理等将会为我国农业固碳减排和绿色发展提供坚实的技术支撑。

参考文献

程琨，潘根兴. 农业与碳中和. 科学，2021，73(06)：8-12，4.

董秀，张燕，TITO M.，等. 长期保护性耕作对黄土高原旱作农田土壤碳含量及转化酶活性的影响. 中国农业科学，2023，56 (5)：907-919.

范紫月，齐晓波，曾麟岚，等. 中国农业系统近40年温室气体排放核算. 生态学报，2022，42 (23)：9470-9482.

顾纪祥，苗雨青，孙方虎，等. 安徽省农田生态系统温室气体排放分析及情景模拟. 生态学报，2024，44 (17)：7520-7535.

李理，朱文博，刘俊杰，等. 宝天曼自然保护区土壤有机碳异质性及其影响因素. 长江流域资源与环境，2020，29 (3)：687-695.

刘崇刚，孙伟，张落成．长江三角洲碳排放与植被覆盖耦合协调时空格局及影响因素分析．地理科学，2023，43（1）：142-151．

刘国栋，李禄军，戴慧敏，等．松辽平原土壤碳库变化及其原因分析．物探与化探，2021，45(5)：1109-1120．

刘红梅，李睿颖，高晶晶，等．保护性耕作对土壤团聚体及微生物学特性的影响研究进展．生态环境学报，2020，29（6）：1277-1284．

那维宝，赵诣，张震斌，等．农业土壤碳库研究进展．辽宁工业大学学报（自然科学版），2023，43（5）：319-324．

宋帆．北方旱直播粳稻品种筛选及对其温室气体减排研究．沈阳：沈阳农业大学，2019．

宋艳华，王自威，袁晨光，等．河南省耕地质量变化对农田固碳能力的影响．地域研究与开发，2023，42（04）：143-148，180．

孙雪，张玉铭，张丽娟，等．长期添加外源有机物料对华北农田土壤团聚体有机碳组分的影响．中国生态农业学报（中英文），2021，29（8）：1384-1396．

魏燕华，赵鑫，翟云龙，等．耕作方式对华北农田土壤固碳效应的影响．农业工程学报，2013，29（17）：87-95．

吴海梅，周彦莉，郑浩飞，等．秸秆带状覆盖对土壤有机碳及其活性组分的影响．干旱地区农业研究，2022，40（1）：61-69．

吴能祥，王萍，刘亚龙，等．土壤有机碳对化肥减施与有机肥替代的响应特征及影响因素．土壤学报，2024：1-11．

夏四友，赵媛，许昕，等．1997—2016 年中国农业碳排放率的时空动态与驱动因素．生态学报，2019，39（21）：7854-7865．

徐明岗，于荣，王伯仁．长期不同施肥下红壤活性有机质与碳库管理指数变化．土壤学报，2006，43（5）：723-729．

严圣吉，邓艾兴，尚子吟，等．我国作物生产碳排放特征及助力碳中和的减排固碳途径．作物学报，2022，48（04）：930-941．

张维理，Kolbe H.，张认连．土壤有机碳作用及转化机制研究进展．中国农业科学，2020，53(2)：317-331．

张志勇，于旭昊，熊淑萍，等．耕作方式与氮肥减施对黄褐土麦田土壤酶活性及温室气体排放的影响．农业环境科学学报，2020，39（02）：418-428．

赵明月，刘源鑫，张雪艳．农田生态系统碳汇研究进展．生态学报，2022，42(23)：9405-9416．

Ahmad S.，Li C. F.，Dai G. Z.，et al. Greenhouse gas emission from direct seeding paddy field under different rice tillage systems in central China. Soil Till. Res.，2009，106(1)：54-61.

Bandyopadhyay K. K. ,Misra A. K. ,Ghosh P. K. ,et al. Effect of integrated use of farmyard manure and chemical fertilizers on soil physical properties and productivity of soybean. Soil Till. Res. ,2010,110(1):115-125.

Gan J. W. ,Qiu C. , Han X. Z. , et al. Effects of 10 years of the return of corn straw on soil aggregates and the distribution of organic carbon in a mollisol. Agronomy,2022,12(10):2374.

Kang L. F. ,Wu J. M. ,Zhang C. F. ,et al. Alterations of soil aggregates and intra - aggregate organic carbon fractions after soil conversion from paddy soils to upland soils: Distribution, mineralization and driving mechanism. Pedosphere, 2024,34(1):121-135.

Lenka N. K. ,Lal R. . Soil aggregation and greenhouse gas flux after 15 years of wheat straw and fertilizer management in a no-till system. Soil Till. Res. , 2013,126:78-89.

Li D. M. ,Liu M. Q. ,Cheng Y. H. ,et al. Methane emissions from double-rice cropping system under conventional and no tillage in southeast China. Soil Till. Res. ,2011,113(2):77-81.

Lipiec J. ,Hajnos M. , Świeboda R. . Estimating effects of compaction on pore size distribution of soil aggregates by mercury porosimeter. Geoderma,2012,179: 20-27.

Menegat S. ,Ledo A. ,Tirado R. . Greenhouse gas emissions from global production and use of nitrogen synthetic fertilisers in agriculture. Scientific Reports, 2022,12(1):14490.

Mishra U. ,Ussiri D. A. N. ,Lal R. . Tillage effects on soil organic carbon storage and dynamics in Corn Belt of Ohio USA. Soil Till. Res. ,2010,107(2):88-96.

Murugan R. ,Djukic I. ,Keiblinger K. ,et al. Spatial distribution of microbial biomass and residues across soil aggregate fractions at different elevations in the Central Austrian Alps. Geoderma,2019,339:1-8.

第2章

优化耕作和秸秆还田下土壤有机碳库演变

2.1 研究方案

2.1.1 试验地概况

试验地位于山东省泰安市(36°09′N,117°09′E),属于温带大陆性季风气候,四季分明,光照充足。该地区年平均气温13.8℃,年均日照时间2627.1 h,年均降雨量710 mm,具有华北平原的典型特点。供试土壤为壤土,土层深厚,地下水在5m以下。

2.1.2 试验设计

试验采用裂区设计:主区为耕作区,分为免耕(NT)、旋耕(RT)、耙耕(HT)、深松(ST)和常规耕作(CT)5种耕作方式;副区为秸秆处理区,分为秸秆全量还田(P)和无秸秆还田(A)2种处理方式。两因素相互组合共10个处理,详见表2-1。试验设3次重复,小区面积为15 m×8 m。

表2-1 试验处理

耕作方式	处理方式	
	秸秆全量还田(P)	无秸秆还田(A)
常规耕作(CT)	常规耕作秸秆还田(CTP)	常规耕作无秸秆还田(CTA)
深松(ST)	深松耕秸秆还田(STP)	深松耕无秸秆还田(STA)
耙耕(HT)	耙耕秸秆还田(HTP)	耙耕无秸秆还田(HTA)
旋耕(RT)	旋耕秸秆还田(RTP)	旋耕无秸秆还田(RTA)
免耕(NT)	免耕秸秆还田(NTP)	免耕无秸秆还田(NTA)

本试验各种耕作措施皆在小麦播种前进行,玉米免耕铁茬播种。具体作业程序如下。

(1) 常规耕作(CT)

小麦机械收获→秸秆全量还田/无秸秆还田→玉米免耕铁茬播种→玉米机械收获→秸秆还田/无秸秆还田→施底肥→圆盘耙灭茬→铧式犁翻耕→筑埂打畦→小麦机械播种。

(2) 免耕(NT)

小麦机械收获→秸秆全量还田/无秸秆还田→玉米免耕铁茬播种→玉米机械收获→秸秆还田/无秸秆还田→施底肥→小麦机械播种。

(3) 深松(ST)

小麦机械收获→秸秆全量还田/无秸秆还田→玉米免耕铁茬播种→玉米机械收获→秸秆还田/无秸秆还田→施底肥→深松铲深松→小麦机械播种。

(4) 耙耕(HT)

小麦机械收获→秸秆全量还田/无秸秆还田→玉米免耕铁茬播种→玉米机械收获→秸秆还田/无秸秆还田→施底肥→圆盘耙耙地→小麦机械播种。

(5) 旋耕(RT)

小麦机械收获→秸秆全量还田/无秸秆还田→玉米免耕铁茬播种→玉米机械收获→秸秆还田/无秸秆还田→施底肥→旋耕机旋耕→小麦机械播种。

各耕作方式作业深度分别为:常规耕作 20～35 cm、深松 40～45 cm、旋耕 10～15 cm、耙耕 12～15 cm。

各耕作方式下秸秆还田处理为小麦、玉米秸秆等量还田,秸秆还田量根据各处理秸秆样品的干物质量和秸秆含水量确定,小麦、玉米秸秆的周年输入速率和化学成分如表 2-2 所列。

表 2-2 小麦、玉米秸秆的周年输入速率和化学成分

作物秸秆	秸秆成分/(g/kg)				周年输入速率/[t/(hm^2·a)]
	有机碳(OC)	全氮(TN)	全磷(TP)	全钾(TK)	
小麦秸秆	506.5	6.55	1.52	11.27	11.02
玉米秸秆	532.2	8.83	1.77	10.8	10.05

2.1.3 田间管理

试验采用小麦(*Triticum aestivum* L.)-玉米(*Zea mays* L.)一年两熟

种植模式，小麦品种为济麦 22 号，小麦一般于每年 10 月 10～15 日播种，播量 90 kg/hm^2，并于第二年 6 月 8～15 日收获；玉米品种为郑单 958，密度为 6.66×10^4 株/hm^2，一般于 6 月 18～25 日铁茬播种，当年 10 月 8～12 日收获。

各处理统一田间管理，小麦季基施纯 N 225 kg/hm^2、P_2O_5 180 kg/hm^2、K_2O 180 kg/hm^2，各处理在拔节期统一追施纯 N 110kg/hm^2，浇拔节水 160 mm；玉米季基施纯 N 120kg/hm^2、P_2O_5 120 kg/hm^2、K_2O 100 kg/hm^2，大喇叭口期追施纯 N 120 kg/hm^2。

2.1.4 样品采集

用于测定土壤有机碳含量的土壤样品采集于试验年份的小麦季收获后。采用五点随机取样法，用土钻取 0～10 cm、10～20 cm、20～30 cm 土层土样。各处理五点样品充分混匀后经风干、磨碎、过筛（2 mm），测定土壤有机碳含量（鲍士旦，2000）。

2.1.5 样品分析及方法

根据已测定的土壤容重及土壤有机碳含量计算各种农田土地利用类型的土壤有机碳库，即土壤总固碳量（Mishra et al.，2010；Ding et al.，2012），由下式求得：

$$C_s=\sum_{j=1}^{n}(C_m\times\rho_b)\times D$$

式中 C_s——土壤有机碳库，g/m^2；

j——土壤层次间隔，$j=1,2,\cdots,n$；

C_m——土壤有机碳含量，g/kg；

ρ_b——试验期间土壤的平均容重，kg/m^3；

D——每个土层的厚度，m；

n——土壤层次。

2.2
土壤有机碳周年演变规律

常规耕作[图 2-1(a)～(c)]、深松[图 2-1(d)～(f)]、耙耕[图 2-1(g)～(i)]和免耕[图 2-1(m)～(o)]处理土壤有机碳(SOC)水平总体表现出缓慢的波动性增加趋势，表层土壤(0～10 cm)的 SOC 含量增加趋势明显，而 10～30 cm 土层，4 个处理表现各异，总体呈波动性增长趋势，但 HTA 和 HTP 处理 SOC 含量较土壤表层下降非常明显。而旋耕处理[图 2-1(j)～(l)]除土壤表层 SOC 含量较高外，10～30 cm 土层 SOC 含量呈逐年下降趋势。从试验期间各处理 SOC 含量变化可以看出，保护性耕作各处理(NTA、NTP、STA、STP、HTA、HTP、RTA 和 RTP)较常规耕作处理(CTA 和 CTP)呈现较为明显的 SOC 分层和表层聚集特点，各处理 0～10 cm 土层 SOC 水平显著高于 10～30 cm 土层。以 4 个保护性耕作的秸秆还田处理为例，STP、HTP、RTP、NTP 在 0～10 cm、10～20 cm 和 20～30 cm 3 个土层的平均 SOC 含量变化分别为 14.28 g/kg、10.84 g/kg 和 9.42 g/kg；11.54 g/kg、8.92 g/kg 和 6.68 g/kg；11.29 g/kg、8.39 g/kg 和 6.79 g/kg；14.11 g/kg、11.56 g/kg 和 9.51 g/kg，而常规耕作处理土壤中的 SOC 水平在 3 个土层中较为平均，分别为 11.58 g/kg、10.79 g/kg 和 10.39 g/kg。

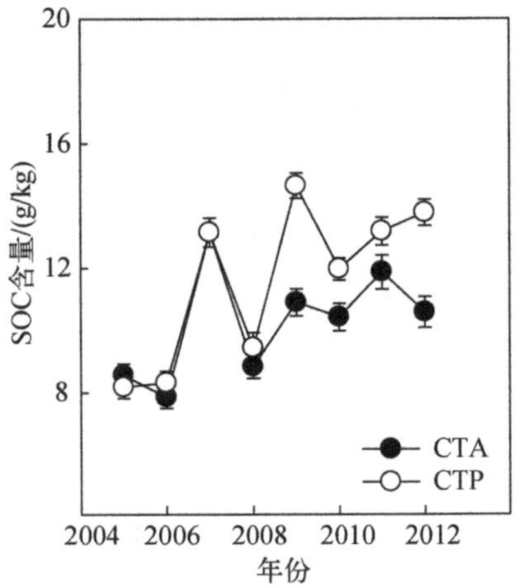

(a) 常规耕作：0~10 cm

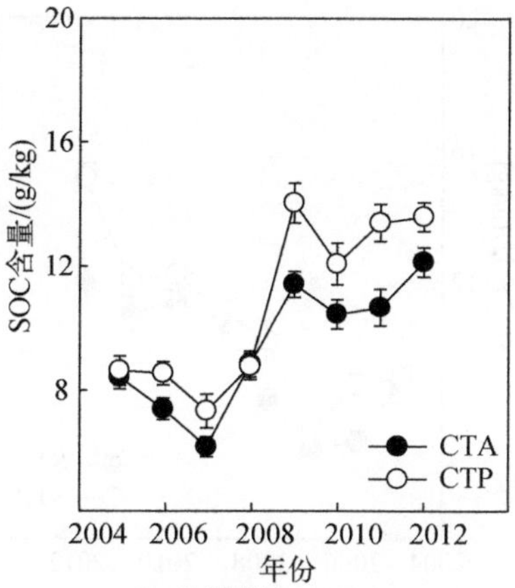

(b) 常规耕作：10~20 cm

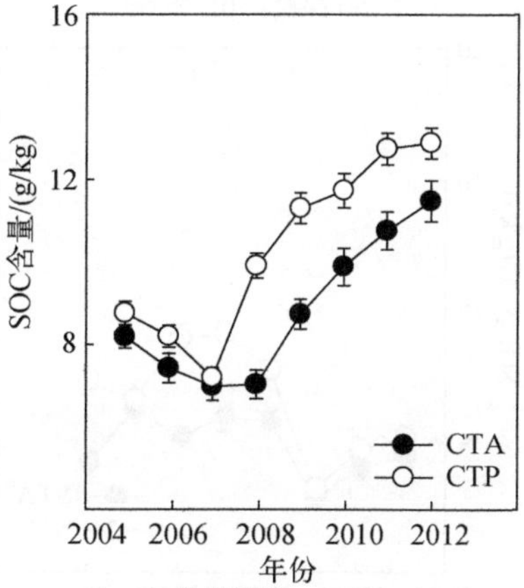

(c) 常规耕作：20~30 cm

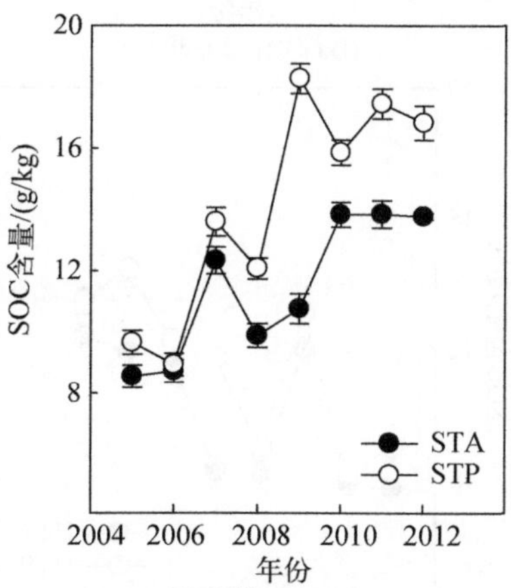

(d) 深松：0~10 cm

图 2-1

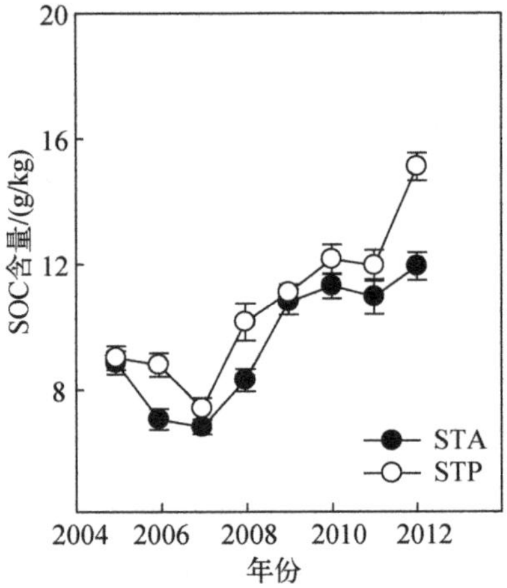

(e) 深松：10~20 cm

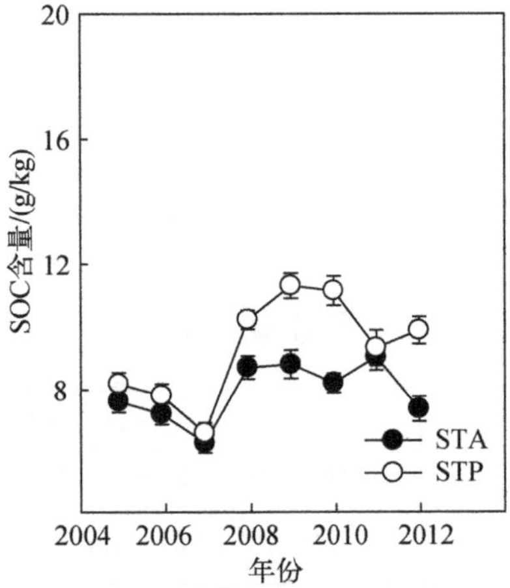

(f) 深松：20~30 cm

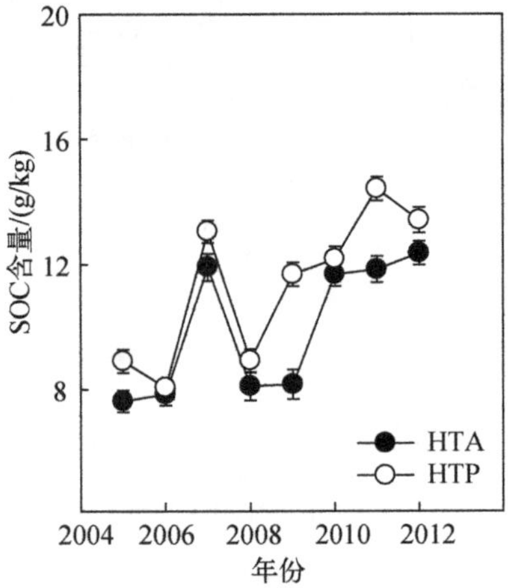

(g) 耙耕：0~10 cm

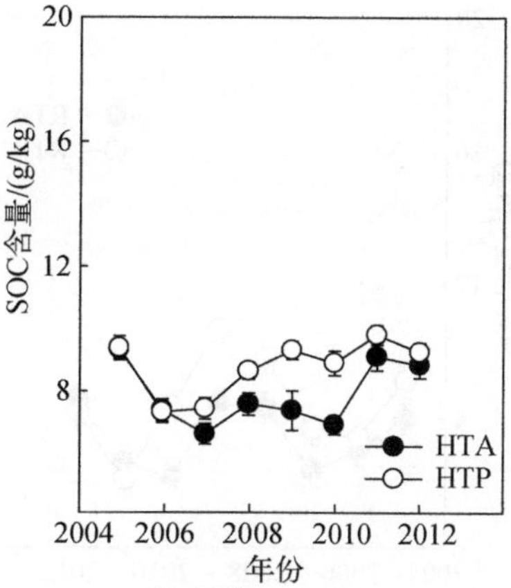

(h) 耙耕：10~20 cm

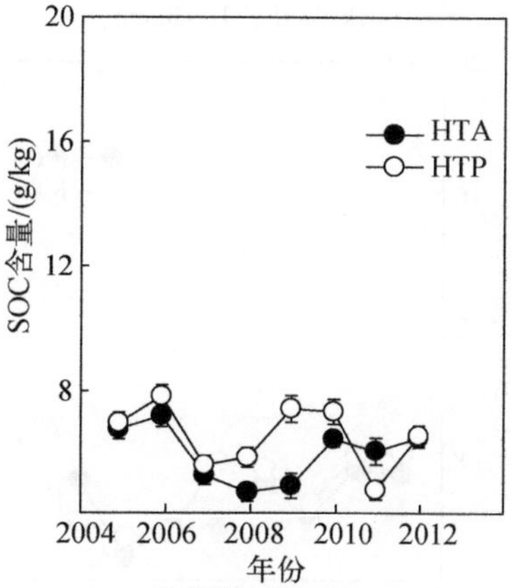

(i) 耙耕：20~30 cm

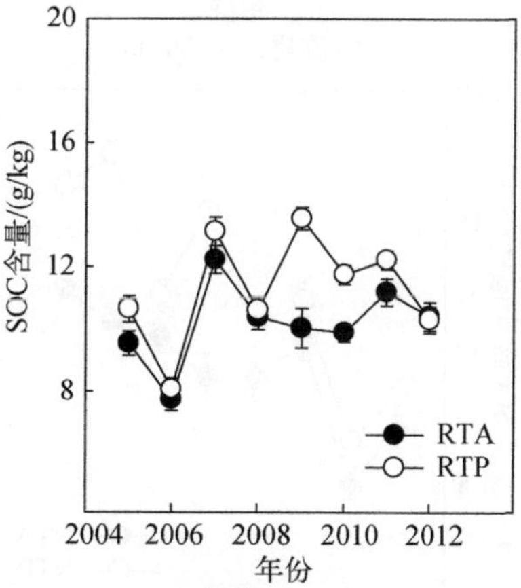

(j) 旋耕：0~10 cm

图 2-1

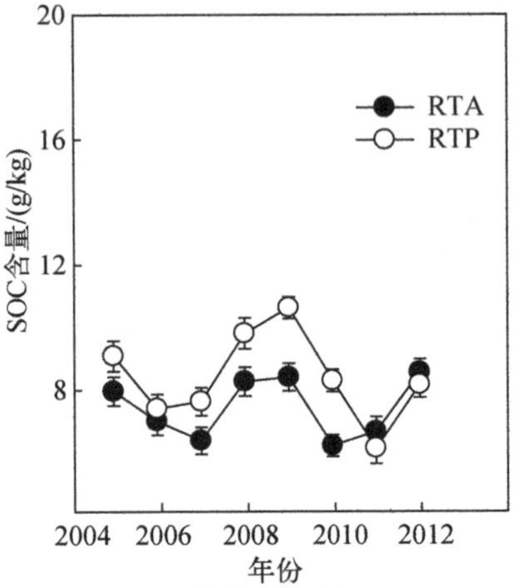

(k) 旋耕：10~20 cm

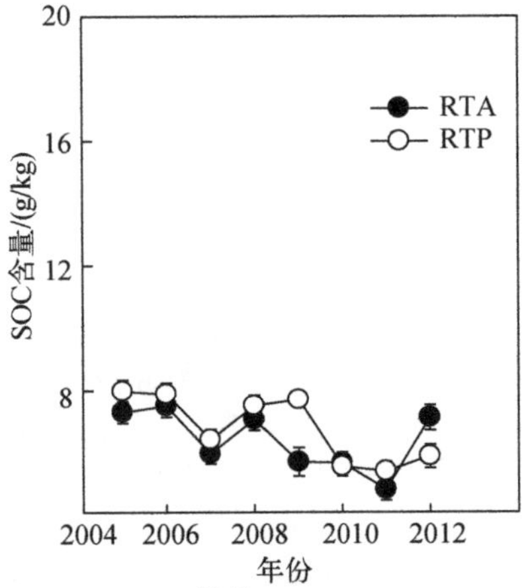

(l) 旋耕：20~30 cm

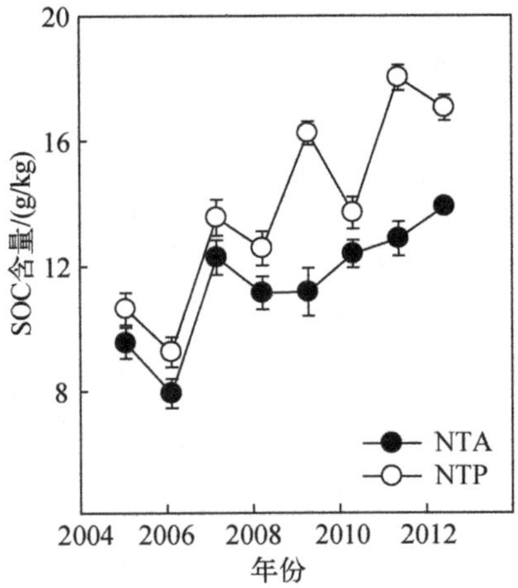

(m) 免耕：0~10 cm

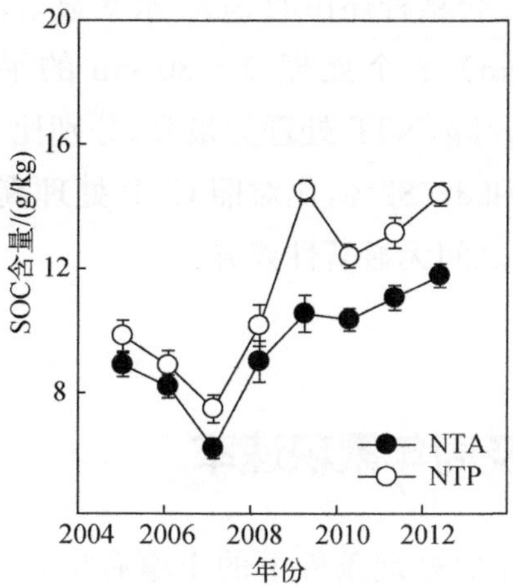

(n) 免耕：10~20 cm

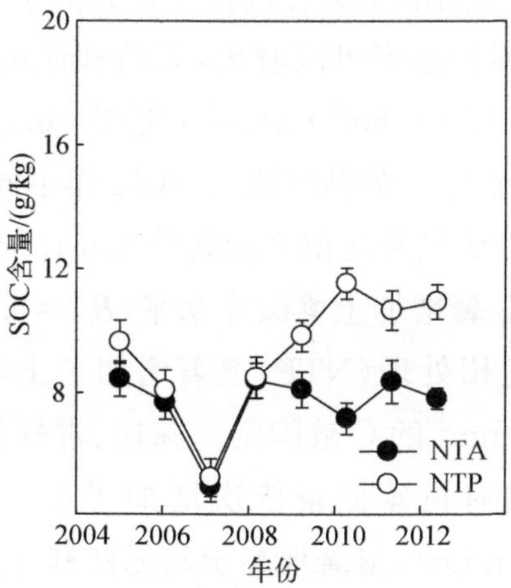

(o) 免耕：20~30 cm

图 2-1　不同耕作方式和秸秆还田的农田土壤有机碳库周年变化

试验期间，长期的作物秸秆输入造成各耕作措施的秸秆还田处理 SOC 水平在 3 个土层都显著地高于无秸秆还田处理。秸秆还田条件下的 CTP、STP、HTP、RTP 和 NTP 5 个耕作处理在 0～10 cm 土层的 SOC 含量范围分别为 8.17～14.64 g/kg、9.03～18.55 g/kg、8.20～14.69 g/kg、8.07～13.55 g/kg 和 9.45～18.28 g/kg，在 10～20 cm 土层含量范围分别为 7.33～14.04 g/kg、7.47～15.33 g/kg、7.46～9.99 g/kg、6.13～10.62 g/kg 和 7.66～14.74 g/kg，而在 20～30 cm 土层含量范围分别为 7.27～12.91 g/kg、6.67～11.45 g/kg、4.91～7.98 g/kg、5.41～7.98 g/kg 和 5.45～11.74 g/kg。

免耕和深松措施配合秸秆还田的SOC水平显著高于其他处理，尤其是在土壤表层（0～10 cm），2个处理0～30 cm的平均SOC含量分别为11.72 g/kg和11.51 g/kg，NTP处理为最高，分别比STP、HTP和RTP处理高1.78%、29.56%和32.82%，比对照CTP处理高7.32%，NTP和STP处理的平均SOC含量之间无显著性差异。

2.3 土壤有机碳储量及周年累积速率

不同耕作和秸秆还田处理条件下的土壤有机碳库在10年后发生了明显的变化，秸秆还田处理后的土壤有机碳库显著高于无秸秆还田处理，而通过土壤有机碳的周年累积速率可以看出，无秸秆还田处理的有机碳周年累积速率只有−0.41～0.75 t/(hm²·a)，显著低于−0.27～1.34 t/(hm²·a)的秸秆还田处理。经过近10年的秸秆输入，2011年不同耕作措施的秸秆还田处理的有机碳库平均比无秸秆还田处理高约4.6 t/hm²。相关性分析表明，持续的秸秆输入能够显著增加土壤碳库水平（$R^2=0.78$，$P<0.05$）。经过对比，免耕配合秸秆还田处理（NTP）显著增加了土壤有机碳储量，2002～2011年，有约13.37 t/hm²的C被固定。深松、常规耕作、耙耕和旋耕配合秸秆还田处理的土壤有机碳储量依次增加了9.59 t/hm²、7.50 t/hm²、3.27 t/hm²和−2.74 t/hm²，显著地高于其无秸秆还田处理。其中，旋耕处理在有无秸秆还田条件下均表现为C的净损失，C以每年约0.27 t/hm²（RTP）和0.41 t/hm²（RTA）的速率被消耗，近10年损失掉约2.74 t/hm²和4.08 t/hm²（表2-3）。

表2-3 不同耕作措施和秸秆还田条件下土壤有机碳周年累积速率、土壤有机碳库和作物秸秆碳输入

处理	秸秆C总输入（10年）/(t/hm²)	初始有机碳含量（2002年）/(g/kg)	土壤容重/(g/cm³)	土壤有机碳库（2011年）/(t/hm²)	C固定（2002～2011年）	
					增加的C/(t/hm²)	周年累积速率/[t/(hm²·a)]
CTA	0	9.64^{f}	1.32^{g}	43.93^{f}	2.24	0.22
CTP	21.89	11.17^{a}	1.29^{h}	50.64^{c}	7.50	0.75
STA	0	10.55^{d}	1.41^{b}	48.24^{d}	7.54	0.75

续表

处理	秸秆C总输入(10年)/(t/hm^2)	初始有机碳含量(2002年)/(g/kg)	土壤容重/(g/cm^3)	土壤有机碳库(2011年)/(t/hm^2)	C固定(2002～2011年)	
					增加的C/(t/hm^2)	周年累积速率/[$t/(hm^2\cdot a)$]
STP	21.89	10.77[c]	1.37[d]	54.00[b]	9.59	0.96
HTA	0	8.76[h]	1.39[c]	38.18[h]	1.75	0.18
HTP	21.89	9.06[g]	1.36[e]	40.29[g]	3.27	0.33
RTA	0	8.55[j]	1.37[d]	31.14[i]	−4.08	−0.41
RTP	21.89	8.65[i]	1.25[i]	29.78[j]	−2.74	−0.27
NTA	0	9.75[e]	1.43[a]	47.13[e]	5.25	0.53
NTP	21.89	10.85[b]	1.34[f]	56.94[a]	13.37	1.34

注：表中同列不同小写字母分别表示差异显著($P<0.05$)。

2.4 土壤有机碳累积变化

长期保护性耕作条件下，泰安和龙口定位试验点的各处理土壤有机碳库变化发生显著差异(表2-4)。在泰安定位试验点，各耕作方式处理30 cm土层有机碳库(2011年)在29.78～56.94 t/hm^2之间，NT处理最高，RT处理最低；龙口定位试验点4种耕作方式下土壤有机碳库表现为相同的趋势，NT处理显著地高于CT、HT和RT处理，分别高32.98%、45.96%和60.52%。除RT处理外，2个定位试验点经过长期的保护性耕作和秸秆还田措施，土壤有机碳库较试验初期都有明显的增加。泰安定位试验点经过10年的保护性耕作和秸秆还田措施，NT处理的土壤有机碳库增长了13.37 t/hm^2，C累积速率为1.34 $t/(hm^2\cdot a)$，CT处理次之，而RT处理则变现为C的净损失，平均以每年0.27 t/hm^2的速率损失，10年间共损失了2.74 t/hm^2的C。龙口定位试验点的RT处理也表现为C的净损失，且损失速率是泰安定位点RT处理的2倍左右[0.56 $t/(hm^2\cdot a)$]，而NT、CT和HT处理的C累积量要显著地低于泰安定位试验点，3个处理的土壤有机碳库6年间分别累积了9.51 t/hm^2、2.29 t/hm^2和1.97 t/hm^2的C。

表 2-4　长期保护性耕作条件下的土壤有机碳库和周年累积速率(泰安、龙口)

项目	泰安				龙口			
	CT	HT	RT	NT	CT	HT	RT	NT
原始有机碳含量/ (g/kg)	11. 17	9. 06	8. 65	10. 85	9. 65	8. 42	9. 62	10. 21
土壤容重(SBD)/ (g/cm^3)	1. 29	1. 36	1. 25	1. 34	1. 25	1. 31	1. 22	1. 36
30 cm 土层有机碳库/(t/hm^2)	50. 64^b	40. 29^c	29. 78^d	56. 94^a	51. 30^b	46. 74^c	42. 50^d	68. 22^a
C 累积量/ (t/hm^2)	7. 50	3. 27	−2. 74	13. 37	2. 29	1. 97	−3. 33	9. 51
C 累积速率/ [t/(hm^2 · a)]	0. 75	0. 33	−0. 27	1. 34	0. 38	0. 33	−0. 56	1. 59

注:表中同行不同小写字母分别表示同一定位试验点的各处理间差异极显著($P<0.01$)。

参考文献

鲍士旦. 土壤农化分析. 3 版. 北京:中国农业出版社,2000.

Ding X. L. ,Han X. Z. ,Liang Y. ,et al. Changes in soil organic carbon pools after 10 years of continuous manuring combined with chemical fertilizer in a Mollisol in China. Soil Till. Res. ,2012,122:36-41.

Mishra U. ,Ussiri D. A. N. ,Lal R. . Tillage effects on soil organic carbon storage and dynamics in Corn Belt of Ohio USA. Soil Till. Res. ,2010,107:88-96.

第3章

优化耕作和秸秆还田下土壤有机碳固持机制

3.1
研究方案

试验地概况、试验设计及田间管理同本书 2.1.1～2.1.3 部分。

3.1.1 土样采集

土壤团聚体样品采集于 2011 年 10 月，用直径为 10 cm 的环刀（避免外力挤压，以保持原来的结构状态）多点（3～5 点）采集有代表性的原状耕层土壤，分 0～10 cm、10～20 cm 和 20～30 cm 3 个层次。运回室内后（运输时避免振动和翻倒），沿土壤的自然结构轻轻地剥开，将原状土剥成小土块，同时防止因外力作用而变形，过 7 mm 筛，并剔去粗根和小石块。土样摊平在透气通风处，让其自然风干（Barreto et al.，2009）。

3.1.2 测试方法

土壤团聚体含量采用改进的湿筛法（Cambardella et al.，1994）。各处理取 50 g 土样，用于湿筛分析。湿筛分析在团聚体分析仪上进行，一次可同时分析 4 个土样。套筛孔径依次为 5 mm、2 mm、1 mm、0.5 mm 和 0.25mm。将土样倒入套筛后，浸润 10 min，开启团聚体分析仪，设置筛动频率为 20 次/min（上下筛动时套筛不能露出水面），定时 2 min。筛好后，将套筛拆开，留在筛子上的各级团聚体用去离子水流通过漏斗分别洗入铝盒，待澄清后倒去上清液，于烘箱中 40 ℃风干，在空气中平衡 2 h 后称重（Briedis et al.，2012），各处理重复 3 次。风干后磨碎，测各粒级土壤团聚体中的 SOC 含量。

3.1.3 样品分析

(1) 土壤团聚体有机碳

采用重铬酸钾-外加热法（鲍士旦，2000）测定。

(2) 土壤团聚体碳储量(Dai et al.,2010)

$$土壤团聚体碳储量(g/kg)=w_i \times SOC_i$$

式中 w_i——第 i 级团聚体的质量分数,%;

SOC_i——第 i 级团聚体的 SOC 含量,g/kg。

(3) 团聚体碳库对土壤有机碳库的贡献率(ACRT)(Dai et al.,2010)

$$ACRT=\frac{SOC_i \times P_i}{TOC}$$

式中 SOC_i——第 i 级团聚体的 SOC 含量,g/kg;

P_i——第 i 级团聚体的比例,%;

TOC——总有机碳,g/kg。

(4) 土壤有机碳不同组分测定

活性有机碳(LOC,g/kg)采用 $KMnO_4$ 氧化法(Lefroy et al.,1993)测定。根据有机质被 3 种不同浓度(333 mmol/L、167 mmol/L、33 mmol/L)的 $KMnO_4$ 氧化的数量,把活性有机质分成 3 个活性程度不同的级别:能被 333 mmol/L $KMnO_4$ 氧化的有机碳称为活性有机碳或低度活性有机碳,能被 167 mmol/L $KMnO_4$ 氧化的有机碳称为中度活性有机碳,能被 33 mmol/L $KMnO_4$ 氧化的有机碳称为高度活性有机碳。

(5) 土壤有机碳库的其他参数(魏燕华等,2013)

碳库活度(A)=活性有机碳含量/稳态碳含量

碳库活度指数(AI)=农田碳库活度/参考土壤碳库活度

碳库指数(CPI)=农田土壤有机碳含量/参考农田土壤有机碳含量

碳库管理指数(CMI)=碳库指数×碳库活度指数×100

(6) 土壤总固碳量(Ding et al.,2012)

根据已测定的土壤容重及土壤有机碳含量计算各种农田土地利用类型的土壤有机碳库,由下式求得:

$$C_s=\sum_{j=1}^{n}(C_m \times \rho_b) \times D$$

式中 C_s——土壤有机碳库,g/m²;

j——土壤层次间隔,$j=1,2,\cdots,n$;

C_m——土壤有机碳含量，g/kg；

ρ_b——试验期间土壤的平均容重，kg/m^3；

D——每个土层的厚度，m；

n——土壤层次。

3.2 土壤有机碳累积的团聚体保护机制

由表 3-1 可以看出，在 0～10 cm 土层，各耕作措施的不同粒级团聚体中，SOC 含量差异较大，NTP 和 STP 处理土壤中各粒级团聚体 SOC 含量范围分别达到 15.78～18.43 g/kg 和 15.19～19.33 g/kg，显著地高于其他处理，分别比对照(CTP)高约 52.7%和 54.4%。不同耕作方式的秸秆还田处理的各粒级团聚体 SOC 含量都要显著地高于无秸秆还田处理，这与土壤有机碳含量的趋势是一致的。

不同耕作方式和秸秆还田条件下各粒级之间的团聚体关联的 SOC 含量差异较小，NTP 处理的团聚体关联 SOC 含量最高的为 0.25～0.5 mm 粒级，STP、CTP、HTP 和 RTP 处理最高的为 5～7 mm 粒级。

从不同耕作措施和秸秆还田对 0～10 cm 土层的团聚体关联的 SOC 含量的差异分析可以看出，耕作因素并不是这一土层的各粒级团聚体 SOC 含量的主要影响因素，起主要作用的是秸秆因素($P<0.05$)以及耕作和秸秆因素的交互作用力($P<0.001$)。

在 10～20 cm 土层，不同粒级团聚体关联 SOC 含量较 0～10 cm 土层有显著的下降(表 3-2)，NTP 处理的 SOC 含量从 0～10 cm 土层的 15.78～18.43 g/kg 下降到 10～20 cm 土层的 10.75～13.47 g/kg，但 NTP 处理的团聚体关联 SOC 含量依然最高，CTP、STP 处理次之，HTP 和 RTP 处理最低，只有 4.89～6.16 g/kg 和 5.17～6.36 g/kg。秸秆还田处理的团聚体关联的 SOC 要显著地高于无秸秆还田处理，个别处理达到了 2 倍的差异(如 HTP 处理)。

在此土层，耕作因素($P<0.01$)对各粒级团聚体 SOC 含量的作用力要大于秸秆因素($P<0.05$)。

表 3-1　不同耕作措施和秸秆还田条件下不同粒级团聚体关联 SOC 的含量(0～10 cm 土层)

项目		总有机碳(TOC)/(g/kg)	不同粒级团聚体中的 SOC 含量/(g/kg)					
			5～7 mm	2～5 mm	1～2 mm	0.5～1 mm	0.25～0.5 mm	<0.25 mm
处理	CTA	11.87±0.15^{g}	9.72±0.07^{g}	9.21±0.07^{fg}	9.17±0.02^{g}	8.34±0.02^{d}	11.30±0.07^{e}	11.38±0.22^{bc}
	CTP	13.18±0.25^{e}	12.90±0.02^{e}	9.87±0.18^{f}	10.31±0.14^{f}	10.68±0.74^{c}	10.51±0.16^{f}	11.77±0.15^{b}
	STA	14.04±0.06^{d}	10.24±0.07^{g}	9.35±0.30^{f}	9.15±0.31^{g}	9.16±0.02^{d}	10.17±0.37^{fg}	10.52±0.37^{cd}
	STP	17.72±0.10^{b}	19.33±0.04^{a}	17.14±0.14^{a}	15.19±0.04^{b}	16.10±0.13^{a}	17.67±0.02^{b}	16.62±0.26^{a}
	HTA	12.07±0.13^{fg}	13.30±0.02^{e}	8.55±0.57^{g}	10.05±0.09^{f}	10.62±0.29^{c}	9.07±0.40^{h}	8.86±0.47^{e}
	HTP	14.69±0.18^{c}	13.74±0.01^{de}	11.61±0.33^{de}	13.20±0.14^{d}	12.79±0.14^{b}	12.36±0.09^{d}	11.47±0.18^{b}
	RTA	11.19±0.24^{h}	11.61±0.40^{f}	10.90±0.10^{e}	9.95±0.19^{f}	10.58±0.34^{c}	9.69±0.09^{g}	7.57±0.22^{f}
	RTP	12.22±0.10^{f}	14.36±0.57^{cd}	13.98±0.60^{c}	13.97±0.05^{c}	12.89±0.31^{b}	11.86±0.56^{de}	10.30±0.15^{d}
	NTA	13.10±0.25^{e}	14.84±1.01^{c}	11.81±0.19^{d}	12.17±0.30^{e}	12.84±0.48^{b}	13.00±0.27^{c}	11.53±0.42^{b}
	NTP	18.28±0.10^{a}	17.52±0.74^{b}	15.85±0.44^{b}	15.78±0.59^{a}	15.98±0.97^{a}	18.43±0.06^{a}	17.33±0.85^{a}
影响因素	耕作		1.29	2.19	2.95	3.05	2.10	3.64
	秸秆		6.27	10.34*	20.84**	13.88*	6.21	10.79*
	耕作×秸秆		47.95***	54.47***	54.81***	20.10***	155.10***	35.54***

注:1. 表中同列不同小写字母分别表示差异极显著($P<0.01$)。

2. *、**、***分别表示 $P<0.05$、$P<0.01$、$P<0.001$。下同。

表 3-2 不同耕作措施和秸秆还田条件下不同粒级团聚体关联 SOC 的含量(10～20 cm 土层)

项目		总有机碳(TOC)/(g/kg)	不同粒级团聚体中的 SOC 含量/(g/kg)					
			5～7 mm	2～5 mm	1～2 mm	0.5～1 mm	0.25～0.5 mm	<0.25 mm
处理	CTA	10.67 ± 0.19^{d}	10.01 ± 0.01^{cd}	7.88 ± 0.20^{d}	8.00 ± 0.15^{c}	8.95 ± 0.85^{c}	9.37 ± 0.29^{cd}	10.09 ± 0.42^{d}
	CTP	13.40 ± 0.30^{a}	10.61 ± 0.01^{bc}	9.81 ± 0.02^{b}	9.18 ± 0.28^{b}	10.30 ± 0.14^{b}	10.62 ± 0.60^{b}	11.45 ± 0.02^{b}
	STA	11.10 ± 0.07^{c}	9.75 ± 0.10^{d}	9.72 ± 0.47^{b}	8.52 ± 0.24^{bc}	9.63 ± 0.68^{bc}	9.42 ± 0.17^{cd}	10.31 ± 0.59^{cd}
	STP	12.12 ± 0.31^{b}	9.69 ± 0.15^{d}	10.31 ± 0.03^{ab}	9.10 ± 0.37^{b}	9.63 ± 0.37^{bc}	9.90 ± 0.15^{bc}	11.05 ± 0.08^{bc}
	HTA	9.28 ± 0.16^{f}	2.95 ± 0.05^{g}	3.62 ± 0.50^{f}	3.62 ± 0.49^{e}	3.33 ± 0.09^{f}	3.42 ± 0.36^{g}	3.15 ± 0.28^{g}
	HTP	9.99 ± 0.22^{e}	6.16 ± 0.44^{e}	6.12 ± 0.11^{e}	5.24 ± 0.75^{d}	4.89 ± 0.51^{e}	5.18 ± 0.22^{f}	5.30 ± 0.79^{f}
	RTA	6.66 ± 0.17^{g}	3.93 ± 0.04^{f}	4.18 ± 0.59^{f}	4.22 ± 0.30^{e}	4.67 ± 0.65^{e}	5.11 ± 0.18^{f}	4.42 ± 0.30^{f}
	RTP	6.13 ± 0.19^{h}	6.11 ± 1.07^{e}	5.85 ± 0.13^{e}	5.76 ± 0.15^{d}	6.36 ± 0.17^{d}	6.00 ± 0.54^{e}	5.17 ± 0.38^{f}
	NTA	11.27 ± 0.21^{c}	11.11 ± 0.01^{b}	8.90 ± 0.37^{c}	8.76 ± 0.06^{bc}	9.85 ± 0.20^{bc}	8.92 ± 0.28^{d}	8.45 ± 0.15^{e}
	NTP	13.37 ± 0.20^{a}	13.47 ± 0.01^{a}	10.75 ± 0.50^{a}	11.17 ± 0.16^{a}	12.73 ± 0.64^{a}	12.55 ± 0.01^{a}	12.46 ± 0.12^{a}
影响因素	耕作		25.73^{**}	54.45^{**}	55.07^{***}	35.90^{**}	22.51^{**}	22.04^{**}
	秸秆		7.60	30.02^{**}	24.07^{**}	10.73^{*}	8.52^{*}	8.16^{*}
	耕作×秸秆		14.98^{***}	3.70^{*}	3.33	3.75^{*}	12.64^{**}	12.48^{**}

如表 3-3 所列，在 20～30 cm 土层，各处理不同粒级团聚体关联的 SOC 含量最高的是 CTP 处理，含量范围为 7.07～12.71 g/kg，较 0～10 cm 和 10～20 cm 土层含量并没有显著下降，说明常规翻耕在 0～30 cm 的深度范围团聚体关联的 SOC 含量较为平均，与 SOC 在 0～30 cm 土层的含量变化趋势较为一致。NTP、RTP、STP 和 HTP 的团聚体关联的 SOC 含量较表层（0～10 cm）显著下降，其中 NTP 处理的各粒级团聚体 SOC 含量范围为 5.53～8.11 g/kg。除 RT 外，各耕作措施的秸秆还田处理团聚体关联的 SOC 含量在这一土层依然显著地高于无秸秆还田处理。在这一土层，CTP 处理团聚体 SOC 含量最高的为＜0.25 mm 粒级、STP、RTP 处理团聚体 SOC 含量最高的为 0.25～0.5 mm 粒级。耕作因素、秸秆因素和两者的交互作用对这两个粒级的影响都达到了显著或极显著水平（P＜0.05 或 P＜0.01）。

表 3-4 为不同耕作措施和秸秆还田条件下不同粒级团聚体在各土层的碳储量。由表 3-4 可以看出，在 0～10 cm 土层，除 HTA、RTA 和 RTP 处理外，大团聚体碳储量以 2～5 mm 粒级为最多，而 RTA 和 RTP 处理在各粒级的碳储量相对较为平均。大团聚体总的碳储量为 5.71～13.47 g/kg，而微团聚体只有 0.60～2.22 g/kg。各处理中，团聚体关联的碳库以 NTP 处理为最高，达到 15.69 g/kg，CTA 处理最低，只有 7.16 g/kg。

在 10～20 cm 土层，STA、STP 和 HTP 处理的最高碳储量粒级由表层的 2～5mm 粒级下降到 0.5～1mm、0.25～0.5mm 和 0.25～0.5mm 粒级，而 RTA 和 RTP 处理的最高碳储量依然为 0.5～1mm 粒级（表 3-5）。大团聚体总储量为 2.37～8.41 g/kg，而微团聚体为 0.32～1.21 g/kg，两者都显著地低于表层土壤中大团聚体、微团聚体总储量，造成这一土层中团聚体关联的碳库由表层的 7.16～15.69 g/kg 下降到 2.83～9.62 g/kg。在该土层，各处理团聚体关联的碳库最高的为 NTP 处理，为 9.62 g/kg；其次为 CTP 处理和 STP 处理，团聚体关联的碳库分别为 8.91 g/kg 和 8.64 g/kg；最低的为 RTA 处理，只有 2.83 g/kg。

在 20～30 cm 土层，大部分处理不同粒级的土壤团聚体碳储量继续降低（表 3-6）。各处理大团聚体中储量最高的粒级各不相同，说明团聚体碳储量受土壤中团聚体分布比例的影响较大。这一土层的大团聚体碳储量为 2.14～7.01 g/kg，微团聚体碳储量为 0.28～1.11 g/kg。团聚体关联的碳库最高的为 CTP 处理，与 10～20 cm 土层差异较小。而 NTP 处理团聚体关联

表 3-3 不同耕作措施和秸秆还田条件下不同粒级团聚体关联 SOC 的含量(20～30 cm 土层)

项目		总有机碳 (TOC)/(g/kg)	不同粒级团聚体中的 SOC 含量/(g/kg)					
			5～7 mm	2～5 mm	1～2 mm	0.5～1 mm	0.25～0.5 mm	<0.25 mm
处理	CTA	10.80 ± 0.16^{b}	10.77 ± 0.08^{b}	6.87 ± 0.65^{b}	3.19 ± 0.67^{d}	8.13 ± 0.03^{b}	6.92 ± 0.14^{c}	9.85 ± 0.04^{b}
	CTP	12.77 ± 0.18^{a}	11.40 ± 0.09^{a}	9.05 ± 0.49^{a}	7.07 ± 0.19^{a}	9.37 ± 0.19^{a}	8.89 ± 0.13^{a}	12.71 ± 0.35^{a}
	STA	9.14 ± 0.23^{c}	6.01 ± 0.01^{c}	4.56 ± 0.28^{d}	2.77 ± 0.03^{d}	4.93 ± 0.11^{d}	5.13 ± 0.39^{d}	5.09 ± 0.73^{e}
	STP	9.44 ± 0.38^{c}	6.48 ± 0.09^{c}	5.17 ± 0.02^{cd}	6.19 ± 0.25^{b}	7.21 ± 0.30^{c}	7.89 ± 0.79^{b}	7.08 ± 0.36^{d}
	HTA	6.19 ± 0.24^{e}	0.79 ± 0.02^{h}	2.21 ± 0.03^{f}	1.89 ± 0.02^{e}	1.38 ± 0.13^{f}	1.60 ± 0.58^{f}	1.65 ± 0.82^{h}
	HTP	4.91 ± 0.11^{g}	4.98 ± 0.00^{d}	3.07 ± 0.34^{e}	3.55 ± 0.05^{cd}	3.96 ± 0.58^{e}	4.26 ± 0.43^{de}	4.25 ± 0.16^{f}
	RTA	4.82 ± 0.15^{g}	3.07 ± 0.06^{f}	3.43 ± 0.14^{e}	3.03 ± 0.72^{d}	3.57 ± 0.11^{e}	1.84 ± 0.35^{f}	1.90 ± 0.00^{h}
	RTP	5.41 ± 0.11^{f}	1.85 ± 0.24^{g}	1.74 ± 0.35^{f}	1.51 ± 0.42^{e}	1.81 ± 0.15^{f}	4.07 ± 0.08^{e}	2.01 ± 0.15^{h}
	NTA	8.55 ± 0.30^{d}	4.06 ± 0.14^{e}	4.66 ± 0.13^{d}	4.11 ± 0.03^{c}	4.69 ± 0.12^{d}	4.47 ± 0.15^{de}	3.38 ± 0.08^{g}
	NTP	10.87 ± 0.13^{b}	6.29 ± 0.74^{c}	5.53 ± 0.10^{c}	6.50 ± 0.11^{ab}	7.11 ± 0.15^{c}	8.01 ± 0.05^{ab}	8.11 ± 0.08^{c}
影响因素	耕作		11.49^{*}	9.92^{*}	1.72	8.01^{*}	55.95^{***}	19.07^{**}
	秸秆		1.90	0.82	4.23	2.76	95.79^{***}	10.93^{*}
	耕作×秸秆		60.48^{***}	18.51^{***}	33.60^{***}	59.08^{***}	2.23	20.80^{***}

表 3-4　不同耕作措施和秸秆还田条件下不同粒级团聚体的碳储量(0～10 cm 土层)

团聚体粒级/mm		不同处理的团聚体碳储量/(g/kg)									
		CTA	CTP	STA	STP	HTA	HTP	RTA	RTP	NTA	NTP
大团聚体	5～7	0.46[e]	0.13[g]	0.43[ef]	0.36[f]	0.66[d]	0.98[c]	1.03[c]	2.30[b]	0.47[e]	2.80[a]
	2～5	2.91[d]	3.59[c]	3.08[d]	4.00[b]	1.90[e]	3.06[d]	1.12[f]	1.97[e]	4.24[b]	5.72[a]
	1～2	0.75[f]	1.09[e]	1.48[c]	2.02[a]	1.12[e]	1.09[e]	1.16[e]	1.30[d]	1.30[d]	1.66[b]
	0.5～1	1.23[e]	1.73[c]	1.23[e]	1.45[d]	2.14[b]	1.22[e]	1.41[d]	2.62[a]	1.84[c]	2.01[b]
	0.25～0.5	0.99[f]	1.79[b]	2.17[a]	1.53[c]	1.41[d]	0.58[g]	1.00[f]	1.46[d]	1.84[b]	1.29[e]
	合计	6.35	8.32	8.39	9.35	7.23	6.93	5.71	9.65	9.69	13.47
微团聚体	0.053～0.25	0.81[f]	1.11[d]	1.08[d]	1.22[c]	1.10[d]	0.60[g]	1.27[bc]	0.90[e]	1.30[b]	2.22[a]
	合计	0.81	1.11	1.08	1.22	1.10	0.60	1.27	0.90	1.30	2.22
团聚体合计		7.16	9.43	9.47	10.57	8.33	7.53	6.98	10.55	10.99	15.69

注:表中同行不同小写字母分别表示差异极显著($P<0.01$)。

表 3-5　不同耕作措施和秸秆还田条件下不同粒级团聚体的碳储量(10～20 cm 土层)

团聚体粒级/mm		不同处理的团聚体碳储量/(g/kg)									
		CTA	CTP	STA	STP	HTA	HTP	RTA	RTP	NTA	NTP
大团聚体	5～7	0.28^{de}	0.22^{e}	0.54^{ab}	0.59^{ab}	0.49^{b}	0.65^{a}	0.56^{ab}	0.52^{b}	0.37^{cd}	0.49^{bc}
	2～5	2.77^{b}	3.57^{a}	2.00^{c}	1.86^{c}	0.62^{e}	0.52^{e}	0.28^{f}	0.96^{d}	1.97^{c}	2.89^{b}
	1～2	0.76^{e}	1.09^{c}	0.43^{g}	1.76^{a}	0.76^{e}	0.60^{f}	0.30^{h}	0.64^{f}	0.81^{d}	1.24^{b}
	0.5～1	0.81^{f}	1.76^{c}	2.21^{b}	1.41^{d}	1.46^{d}	0.41^{g}	0.85^{f}	1.23^{e}	1.69^{c}	2.56^{a}
	0.25～0.5	1.12^{f}	1.36^{d}	1.51^{c}	2.19^{a}	0.98^{g}	1.61^{b}	0.38^{i}	0.85^{h}	1.02^{g}	1.22^{e}
	合计	5.73	8.00	6.68	7.81	4.32	3.78	2.37	4.21	5.85	8.41
微团聚体	0.053～0.25	0.82^{c}	0.91^{b}	0.78^{d}	0.83^{c}	0.67^{e}	0.32^{h}	0.46^{f}	0.42^{g}	0.48^{f}	1.21^{a}
	合计	0.82	0.91	0.78	0.83	0.67	0.32	0.46	0.42	0.48	1.21
团聚体合计		6.55	8.91	7.46	8.64	4.99	4.10	2.83	4.63	6.33	9.62

注:表中同行不同小写字母分别表示差异极显著($P<0.01$)。

表 3-6 不同耕作措施和秸秆还田条件下不同粒级团聚体的碳储量(20～30 cm 土层)

团聚体粒级/mm		不同处理的团聚体碳储量/(g/kg)									
		CTA	CTP	STA	STP	HTA	HTP	RTA	RTP	NTA	NTP
大团聚体	5～7	0.21^{d}	0.03^{e}	0.08^{e}	0.06^{e}	1.01^{b}	0.06^{e}	0.62^{c}	0.22^{d}	0.23^{d}	1.53^{a}
	2～5	0.99^{c}	1.12^{bc}	1.04^{bc}	1.74^{a}	0.99^{c}	0.57^{de}	0.48^{e}	0.76^{d}	1.24^{b}	1.58^{a}
	1～2	0.92^{b}	0.74^{c}	0.54^{c}	0.53^{e}	0.73^{c}	0.33^{f}	0.26^{g}	0.53^{e}	0.69^{d}	1.18^{a}
	0.5～1	1.77^{b}	3.41^{a}	1.09^{e}	1.56^{c}	1.37^{d}	0.49^{g}	0.66^{f}	0.71^{f}	1.55^{c}	1.56^{c}
	0.25～0.5	1.75^{a}	1.70^{a}	1.28^{b}	1.04^{c}	0.84^{de}	0.69^{e}	0.50^{f}	0.94^{cd}	0.88^{d}	1.09^{c}
	合计	5.63	7.01	4.04	4.93	4.94	2.14	2.52	3.16	4.59	6.92
微团聚体	0.053～0.25	0.86^{b}	1.11^{a}	0.53^{ef}	0.50^{fg}	0.79^{c}	0.37^{h}	0.28^{i}	0.46^{g}	0.56^{e}	0.68^{d}
	合计	0.86	1.11	0.53	0.50	0.79	0.37	0.28	0.46	0.56	0.68
团聚体合计		6.49	8.12	4.57	5.43	5.73	2.51	2.80	3.62	5.15	7.60

注:表中同行不同小写字母分别表示差异极显著($P<0.01$)。

的碳库从10～20 cm土层的9.62 g/kg降低到7.60 g/kg。STP处理下降较多，从10～20 cm土层的8.64 g/kg降低到5.43 g/kg。在这一土层，秸秆还田条件下各处理团聚体关联的碳库最低的为HTP处理，只有2.51 g/kg。

由表3-7可以看出，不同耕作措施和秸秆还田条件下土壤团聚体关联的碳库对总有机碳库的贡献率具有显著的差异。在0～10 cm土层，土壤团聚体关联的碳库对总有机碳库的贡献率最高的为NTP处理，其团聚体关联的C约占总有机碳的85.86%，其中有73.70%的C来自大团聚体碳库；贡献率最低的为HTA处理，只有40.97%，其大团聚体的贡献率只有37.81%。秸秆还田处理的贡献率要显著地高于无秸秆还田处理。在10～20 cm土层，趋势大体与0～10 cm一致，但各处理总的贡献率却降低到42.64%～71.93%，NTP处理的团聚体关联C依然对其土壤中的TOC含量贡献率最高(71.93%)。20～30 cm土层的贡献率规律不明显，有的处理贡献率反而呈升高趋势，例如RTA、RTP、HTA和HTP处理。

3.3 土壤有机碳不同组分变化特征

不同耕作措施和秸秆还田对土壤中不同活性的LOC有较大的影响(表3-8)。各处理土壤中高度、中度和低度LOC含量在试验年份波动性较小。2012年的高度活性有机碳含量高于2011年和2007年。以2012年为例，高度活性有机碳含量范围约为1.02～1.68 g/kg，秸秆还田处理间CTP＞NTP＞STP＞RTP，中度活性有机碳含量范围为1.54～2.23 g/kg，秸秆还田处理间STP＞CTP＞NTP＞RTP，低度活性有机碳含量范围为2.31～3.53 g/kg，秸秆还田处理间RTP＞NTP＞STP＞CTP。由于低度活性有机碳含量决定了土壤中总的活性有机碳水平，所以RTP处理土壤中的活性有机碳含量显著高于其他处理($P<0.01$)，NTP处理其次，CTP处理最低。

土壤中活性有机碳占总有机碳比例(LOC/TOC值)及碳库活度可在一定程度上反映土壤有机碳的质量和稳定程度，该比例越高表示有机碳越易被微生物分解矿化、周转期较短或活性高，比例小则表示土壤有机碳较稳定，不易被生物利用。

表 3-7 不同耕作措施和秸秆还田条件下土壤团聚体关联碳库对总有机碳的贡献率

土层深度/cm	团聚体粒级	不同处理的贡献率/%									
		CTA	CTP	STA	STP	HTA	HTP	RTA	RTP	NTA	NTP
0～10	大团聚体	53.46	63.16	60.20	64.46	37.81	46.50	41.05	48.45	70.92	73.70
	微团聚体	6.80	8.39	7.00	6.85	3.17	7.20	11.32	13.37	9.91	12.16
	合计	60.26	71.55	67.19	71.31	40.97	53.70	52.37	61.90	80.83	85.86
10～20	大团聚体	53.72	59.74	52.78	59.79	43.61	49.80	35.62	52.66	51.93	62.86
	微团聚体	7.71	6.79	6.91	7.67	7.62	8.69	6.84	12.77	4.24	9.07
	合计	61.43	66.53	59.69	67.46	51.23	58.49	42.64	65.43	56.17	71.93
20～30	大团聚体	52.13	54.87	44.17	52.29	47.18	59.88	52.22	58.92	53.67	63.70
	微团聚体	7.91	8.69	5.83	5.25	4.09	9.08	5.77	8.46	6.58	6.22
	合计	60.04	63.56	50.00	57.54	51.26	68.96	57.99	67.38	60.25	69.92

表 3-8　不同耕作措施和秸秆还田条件下土壤活性有机碳含量

活性有机碳(LOC)种类	年份	不同处理的活性有机碳含量/(g/kg)							
		CTA	CTP	STA	STP	RTA	RTP	NTA	NTP
高度活性有机碳	2007	0.85 ± 0.03^{c}	1.03 ± 0.04^{b}	1.02 ± 0.04^{b}	1.15 ± 0.05^{a}	0.84 ± 0.03^{c}	0.82 ± 0.03^{d}	0.73 ± 0.03^{e}	0.64 ± 0.03^{f}
	2011	1.08 ± 0.04^{c}	1.19 ± 0.05^{b}	0.96 ± 0.04^{d}	0.82 ± 0.03^{f}	0.68 ± 0.03^{g}	0.88 ± 0.04^{e}	1.20 ± 0.05^{b}	1.48 ± 0.06^{a}
	2012	1.28 ± 0.05^{d}	1.68 ± 0.07^{a}	1.27 ± 0.05^{d}	1.32 ± 0.05^{c}	1.04 ± 0.04^{f}	1.02 ± 0.04^{g}	1.24 ± 0.05^{e}	1.49 ± 0.06^{b}
中度活性有机碳	2007	1.67 ± 0.07^{f}	2.14 ± 0.09^{b}	1.97 ± 0.08^{c}	2.44 ± 0.10^{a}	1.66 ± 0.07^{f}	1.82 ± 0.07^{e}	1.89 ± 0.08^{d}	1.17 ± 0.05^{g}
	2011	2.06 ± 0.08^{d}	2.85 ± 0.11^{b}	2.09 ± 0.08^{d}	1.58 ± 0.06^{f}	1.02 ± 0.04^{g}	1.68 ± 0.07^{e}	2.31 ± 0.09^{c}	3.12 ± 0.12^{a}
	2012	2.02 ± 0.08^{d}	2.04 ± 0.08^{c}	1.54 ± 0.06^{h}	2.23 ± 0.09^{a}	1.58 ± 0.06^{g}	1.77 ± 0.07^{f}	2.07 ± 0.08^{b}	1.99 ± 0.08^{e}
低度活性有机碳	2007	1.31 ± 0.05^{f}	2.18 ± 0.09^{c}	1.41 ± 0.06^{e}	2.35 ± 0.09^{b}	1.22 ± 0.05^{g}	1.65 ± 0.07^{d}	2.48 ± 0.10^{a}	1.07 ± 0.04^{h}
	2011	2.16 ± 0.09^{d}	3.08 ± 0.12^{b}	1.63 ± 0.07^{f}	1.28 ± 0.05^{h}	1.35 ± 0.05^{g}	1.87 ± 0.07^{e}	2.29 ± 0.09^{c}	3.65 ± 0.15^{a}
	2012	2.31 ± 0.09^{g}	2.43 ± 0.10^{f}	3.09 ± 0.12^{b}	2.82 ± 0.11^{c}	2.49 ± 0.10^{e}	3.53 ± 0.14^{a}	2.56 ± 0.10^{d}	3.10 ± 0.12^{b}

注:表中同行不同小写字母分别表示差异极显著($P<0.01$)。

由表 3-9 可以看出，土壤总有机碳中 LOC 占 22.38%～39.14%，稳态碳占 60.86%～77.62%。常规耕作、深松、旋耕和免耕措施条件下的秸秆还田处理的 LOC 含量要显著高于其无秸秆还田处理，分别高 27.17%、6.93%、39.64%和 21.82%。在秸秆还田条件下：NTP 处理土壤 TOC 中所含 LOC 的含量最高(4.02 g/kg)，但比例却只有 28.36%，而 RTP 处理土壤 TOC 中所含 LOC 的含量为 3.1 g/kg，但所占比例最高为 39.14%；稳态碳比例最高的为 STP 处理，达到 77.62%，其次为 CTP 和 NTP 处理，分别为 74.31%、71.64%。

表 3-9　不同耕作措施和秸秆还田条件下土壤有机碳中的活性成分及其比例

项目	不同处理的土壤有机碳中的活性成分及其比例							
	CTA	CTP	STA	STP	RTA	RTP	NTA	NTP
活性有机碳(LOC)/(g/kg)	2.65[g]	3.37[b]	2.74[f]	2.93[e]	2.22[h]	3.10[d]	3.30[c]	4.02[a]
稳态碳/(g/kg)	8.46[d]	9.75[b]	8.69[c]	10.16[a]	5.34[f]	4.82[g]	7.67[e]	10.15[a]
活性有机碳占 TOC 的比例/%	23.84	25.69	23.98	22.38	29.37	39.14	30.07	28.36
稳态碳占 TOC 的比例/%	76.16	74.31	76.02	77.62	70.63	60.86	69.93	71.64

注：表中同行不同小写字母分别表示差异极显著($P<0.01$)。

在 TOC 中，LOC 占 22.38%～39.14%，其中又有 69.97%～87.06% 来自团聚体中的 LOC(表 3-10)，说明团聚体中的 LOC 含量多少对总的 LOC 含量起主导作用。团聚体中的 LOC 约占 TOC 的 15.66%～34.08%。各处理中，NTP 处理中团聚体关联的 LOC 含量最高，为 3.38 g/kg，占总 LOC 的比例约为 84.03%，显著地低于 RTP 处理(87.06%)。各处理团聚体中稳态碳比例决定了土壤总稳态碳库的大小，STP 处理中团聚体关联的稳态碳占 TOC 的比例最高，为 69.96%，其次为 NTP 处理，占 TOC 的比例约为 60.73%，秸秆还田处理中，占比最低的为 RTP 处理，只有约 54.03%。

表 3-10　不同耕作措施和秸秆还田条件下土壤团聚体中的活性有机碳及其比例

项目	不同处理的土壤团聚体中的活性有机碳及其比例							
	CTA	CTP	STA	STP	RTA	RTP	NTA	NTP
团聚体中的 LOC/(g/kg)	2.23[f]	2.76[b]	2.36[e]	2.05[g]	1.92[h]	2.70[c]	2.43[d]	3.38[a]
总 LOC/(g/kg)	2.65[g]	3.37[b]	2.74[f]	2.93[e]	2.22[h]	3.10[d]	3.30[c]	4.02[a]
团聚体中的 LOC 占总 LOC 的比例/%	84.27	81.82	86.18	69.97	86.62	87.06	73.58	84.03

续表

项目	不同处理的土壤团聚体中的活性有机碳及其比例							
	CTA	CTP	STA	STP	RTA	RTP	NTA	NTP
团聚体中的 LOC 占 TOC 的比例/%	20.09	21.02	20.67	15.66	25.45	34.08	22.13	23.83
团聚体中的稳态碳占 TOC 的比例/%	59.45	57.98	49.56	69.96	50.76	54.03	57.64	60.73

注：表中同行不同小写字母分别表示差异极显著（$P<0.01$）。

3.4 优化耕作和秸秆还田的土壤碳库管理指数

由表 3-11 可以看出，RTP 处理碳库活度最高，说明该处理土壤中有机碳活性较高，易被微生物分解矿化；而 STP 处理碳库活度最低，说明该处理土壤中的有机碳较为稳定，不易被生物所利用。以对照 CTA 和 CTP 处理的活性有机碳含量和有机碳含量作为参考农田的活性有机碳含量和有机碳含量来计算碳库活度指数（AI）和碳库指数（CPI）可以看出，RTP＞NTP＞STP 处理，说明旋耕措施配合秸秆还田提高了碳库活度指数和碳库指数，同时也提高了碳库管理指数（CMI），而 NTP 和 STP 处理的碳库管理指数低于 RTP 处理。

表 3-11　不同耕作措施和秸秆还田条件下土壤有机碳库参数

参数	不同处理的土壤有机碳库参数							
	CTA	CTP	STA	STP	RTA	RTP	NTA	NTP
碳库活度（A）	0.31	0.35	0.32	0.29	0.42	0.64	0.43	0.40
碳库活度指数（AI）	1.00	1.00	1.01	0.83	1.33	1.86	1.37	1.15
碳库指数（CPI）	1.00	1.00	1.03	0.83	0.68	1.86	0.99	1.15
碳库管理指数（CMI）	100	100	103.6	69.5	90.3	346.0	135.6	131.1

参考文献

鲍士旦. 土壤农化分析. 3 版. 北京：中国农业出版社，2000.

魏燕华，赵鑫，翟云龙，等. 耕作方式对华北农田土壤固碳效应的影响. 农业工程学报，2013，29(17)：87-95.

周虎，吕贻忠，杨志臣，等. 保护性耕作对华北平原土壤团聚体特征的影响. 中国农业科学，2007，40(9)：1972-1979.

Barreto R. C.，Madari B. E，Maddock J. E. L.，et al. The impact of soil management on aggregation，carbon stabilization and carbon loss as CO_2 in the surface layer of a Rhodic Ferralsol in Southern Brazil. Agr. Ecosyst. Environ.，2009，132(3-4)：243-251.

Briedis C.，de Moraes Sá J. C.，Caires E. F.，et al. Soil organic matter pools and carbon-protection mechanisms in aggregate classes influenced by surface liming in a no-till system. Geoderma，2012，170：80-88.

Cambardella C. A.，Elliott E. T.. Carbon and nitrogen dynamics of soil organic matter fractions from cultivated grassland soils. Soil Sci. Soc. Am. J.，1994，58(1)：123-130.

Dai J.，Hu J. L.，Lin X. G.，et al. Effects of non-tillage on content of organic carbon and microbial carbolic metabolism of soil aggregates in a fluvo-aquic soil. Acta Pedologica Sinica，2010，47(5)：923-930.

Ding X. L.，Han X. Z.，Liang Y.，et al. Changes in soil organic carbon pools after 10 years of continuous manuring combined with chemical fertilizer in a Mollisol in China. Soil Till. Res.，2012，122：36-41.

Lefroy R. D. B.，Blair G. J.，Strong W. M.. Changes in soil organic matter with cropping as measured by organic carbon fractions and ^{13}C natural isotope abundance. Plant and Soil，1993，155(1)：399-402.

第4章

优化耕作和秸秆还田的农田温室气体排放及温室效应

4.1
研究方案

试验地概况、试验设计及田间管理同本书 2.1.1～2.1.3 部分。

4.1.1　温室气体样品采集

CH_4 和 N_2O 通量的测定采用静态箱-气相色谱法(Robertson，1993)。气体取样一般在当天的 9：00～12：00，分别于 0 min、15 min、30 min 采集气体，重复采集 3 次。同时测定大气温度、地表温度、5 cm 地温和土壤水分。一般 3～10 月每月采集 2～3 次，12 月～次年 2 月每月采集 1 次。

4.1.2　土壤样品采集

试验分别于 2011 年 11 月、2012 年 4 月、2012 年 5 月用取土器采集 20 cm 深的土样，切除土柱两端 5 cm 深的土样，每次在 5 个取样点取土若干，捣碎混匀，用 2 mm 筛去除杂质，一样两份，其中新鲜土样用冰盒带回实验室在 4 ℃冰箱保存备用，另一份土样风干后磨碎过 0.25 mm 筛。

4.1.3　温室气体样品分析与估算方法

(1) CH_4分析

CH_4 用改进的气相色谱仪(GC-2010，日本岛津)进行测试。采用长 2 m 的 5A 分子筛不锈钢填充柱，以 N_2 作载气，运用火焰离子化检测器(FID)进行测定，设定 FID 温度为 200 ℃，柱箱温度为 80 ℃，载气总流量为 30 mL/min，氢气流量为 40 mL/min，空气流量为 400 mL/min。

(2) N_2O 分析

N_2O 用改进的气相色谱仪(GC-2010，日本岛津)进行测试。采用长 4 m 的 Porapak-Q 填充柱，以 N_2 作载气，用电子捕获检测器(ECD)进行测定，设 ECD 温度为 300 ℃，柱箱温度为 45 ℃，载气总流量为 40 mL/min，尾吹流量为 40 mL/min。

(3) 温室气体通量的计算

CH_4 和 N_2O 通量计算公式(Robertson,1993)如下：

$$F=\frac{60HMP}{8.314(273+T)}\times\frac{dc}{dt}$$

式中 F——气体通量,μg/ (m^2 · h)；

60——分钟和小时的转换系数；

H——静态箱的高度,m；

M——气体摩尔质量,g/mol；

P——大气压强,Pa；

8.314——理想气体常数,J/(mol · K)；

T——静态箱内的平均温度,℃；

dc/dt——气体浓度(c)随时间(t)变化的斜率。

(4) 温室气体累积排放量的计算(Chatskikh et al. ,2007)

温室气体累积排放量为两次相邻的气体采集样品浓度的平均值[μg/(m^2 · h)]乘以间隔时间(t),温室气体年排放通量计算公式如下(Chatskikh et al. ,2007；Liang et al. ,2007)：

$$F_{cum}=\sum\left(\frac{F_i+F_{i+1}}{2}\times t\right)$$

式中 F_{cum}——温室气体年排放通量,t/(hm^2 · a)；

F_i——第 i 次取样时的日平均通量,t/(hm^2 · d)；

F_{i+1}——第 $i+1$ 次取样时的日平均通量,t/(hm^2 · d)；

t——间隔时间,d。

(5) 农田 CO_2、CH_4 和 N_2O 全球增温潜能值的计算

农田全球增温潜能值根据各温室气体的气体通量计算,其中 CO_2 的全球增温潜能值为 1,CH_4 和 N_2O 的全球增温潜能值分别是 CO_2 的 25 倍和 298 倍(IPCC,2007),计算公式如下：

$$GWP(CH_4)=F(CH_4)\times25$$

$$GWP(N_2O)=F(N_2O)\times298$$

式中 $GWP(CH_4)$——CH_4 的全球增温潜能值，kg/hm^2；

$F(CH_4)$——CH_4 的总吸收通量，$kg/(hm^2 \cdot a)$；

25——CH_4 的温室效应系数；

100——气候变化的时间尺度，a；

$GWP(N_2O)$——N_2O 的全球增温潜能值，kg/hm^2；

$F(N_2O)$——N_2O 的总排放通量，$kg/(hm^2 \cdot a)$；

298——N_2O 的温室效应系数。

4.1.4 与 CH_4 和 N_2O 排放相关细菌的测定

4.1.4.1 甲烷氧化菌的培养与计数

(1) 培养基的制备(钱泽澍等，1986)

1) 甲烷氧化菌培养基的成分

KH_2PO_4 1.00 g/L，$Na_2HPO_4 \cdot 12H_2O$ 2.90 g/L，$MgSO_4 \cdot 7H_2O$ 0.32 g/L，$(NH_4)_2SO_4$ 3.00 g/L，矿质元素溶液 10 mL，蒸馏水 990 mL，水洗琼脂 20 g。pH 值为 6.8。

2) 矿质元素溶液的成分

$MgSO_4 \cdot 7H_2O$ 3.00 g，$MnSO_4 \cdot 2H_2O$ 0.50 g，NaCl 1.00 g，$FeSO_4 \cdot 7H_2O$ 0.10 g，$CoCl_2$ 0.10 g，$CaCl_2 \cdot 7H_2O$ 0.10 g，$ZnSO_4 \cdot 7H_2O$ 0.10 g，$CuSO_4 \cdot 5H_2O$ 0.01g，$AlK(SO_4)_2$ 0.01 g，H_3BO_3 0.01g，$Na_2MoO_4 \cdot 2H_2O$ 0.01 g，蒸馏水 1000 mL。

(2) 接种与培养(钱泽澍等，1986)

采用平板计数法测定土样中的甲烷氧化菌数量，称取 5 g 混合均匀的土样，加入已灭菌的装有 45 mL 无菌生理盐水的 100 mL 血清瓶中，振摇 10 min，以 10 倍系列稀释法将土壤悬液稀释为 10^{-3}～10^{-7} 的稀释度，各取 0.2～0.3 mL 分别接种到 4 个已灭菌的甲烷氧化菌固体培养基中，用无菌玻璃棒将菌液均匀涂布在平板上，然后在每个培养皿中加入 5 mL 甲烷气体。置于底部盛水的干燥器内(防水分蒸发，免使平板干裂)，在 28～30 ℃下培养 14 d。记录试管内菌落的数量。

4.1.4.2 产甲烷菌的培养与计数

(1) 培养基的制备(钱泽澍等,1986)

产甲烷菌培养基的成分:HCOONa 5 g/L,CH_3COONa 5 g/L,CH_3OH 5 g/L,NH_4Cl 1 g/L,K_2HPO_4 0.4 g/L,半胱氨酸 0.5 g/L,刃天青 0.002 g/L,矿质元素溶液 10 mL,土壤浸提液 3000 mL,蒸馏水 690 mL。pH 值为 7.2,配制时通入高纯氮气并充满试管空间。

(2) 培养与计数(钱泽澍等,1986)

称取 5 g 土样,加入装有 45 mL 无菌生理盐水的 100 mL 血清瓶中,振荡 10 min,以 10 倍系列稀释法将土样悬液稀释。取稀释度为 10^{-2}～10^{-7} 的土样稀释液 0.5 mL,分别接种于 4 支(4 个重复)装有 4.5 mL 产甲烷培养基的试管中,然后加 0.1% Na_2S 和 5% $NaHCO_3$ 混合液及青霉素(50 mg/mL)各 0.1 mL,在 30 ℃恒温厌氧培养 20 d,采用最大可能数(MPN)法测定产甲烷菌种群的数量。

4.1.4.3 反硝化细菌的培养与计数

(1) 反硝化培养基的制备(李振高等,2008)

反硝化细菌培养基的成分:柠檬酸钠 5.0 g,硝酸钾 2.0 g,磷酸二氢钾 1.0 g,磷酸氢二钾 1.0 g,硫酸镁 0.2 g,蒸馏水 1000 mL。pH 值为 7.2～7.5。

(2) 培养与计数(李振高等,2008)

每支试管(1.8 cm×18 cm)中装入 10 mL 培养基(深层培养,以造成厌氧条件),在培养基中倒放入杜氏发酵管,121 ℃下灭菌 30 min。选取 6 个稀释度(10^{-2}～10^{-7})的土壤悬液,每一稀释度的悬液接种 4 支试管(即 4 个重复),每管接种 1 mL。另取 4 支装有培养基的试管不接种悬液而接种无菌水作对照。于 28 ℃条件下培养 14 d,检查是否有细菌生长。如有细菌生长,一般培养液变浑浊,甚至有时有气泡出现,吸取 1 滴或 2 滴培养液于白瓷板孔中,如加入 1 滴或 2 滴奈氏试剂后出现棕红色或浅褐色沉淀,即表示培养基中有氨产生;同时用格里斯试剂和二苯胺试剂分别检查是否有亚硝酸和硝酸存在。记录测定结果,查稀释法四次重复测数统计表得出数量指标和菌的近似值。

4.1.4.4 亚硝酸细菌的培养与计数

(1) 改良的斯蒂芬森培养基的制备(李振高等,2008)

亚硝酸细菌培养基的成分:硫酸铵 2.0 g,磷酸氢二钾 0.75 g,磷酸二氢钠 0.25 g,硫酸镁 0.03 g,碳酸钙 5.0 g,硫酸锰 0.015 g,蒸馏水 1000 mL。pH 值为 7.2。

(2) 培养与计数(李振高等,2008)

将培养基在普通滤纸上过滤,装入试管(1.8 cm×18 cm),每支试管中装入 5 mL,121 ℃下灭菌 30 min。选取 6 个稀释度(10^{-2}~10^{-7})的土壤悬液,每一稀释度的悬液接种 4 支试管(即 4 个重复),每管接种 1 mL。另取 4 支装有培养基的试管不接种悬液而接种无菌水作对照。于 28 ℃条件下培养 14 d,吸取培养液 5 滴于白瓷板孔中,加入 1 滴或 2 滴格里斯试剂,如有亚硝酸存在,则呈红色,表示有亚硝酸细菌存在。记录测试结果,查稀释法四次重复测数统计表得出数量指标和菌的近似值。

4.1.5 其他土壤理化性质测定

(1) 土壤 5 cm 地温

采用美国 WET 公司生产的手持式土壤温度、水分测试仪测定。

(2) 土壤 0~20 cm 含水量

采用烘干法(鲍士旦,2000)测定。

(3) 土壤 0~10 cm 硝态氮、铵态氮含量

采用紫外光比色法(鲍士旦,2000)测定。

(4) 土壤 pH 值

采用电位法(鲍士旦,2000)测定。

4.2 温室气体总排放通量及全球增温潜能值

不同耕作措施和秸秆还田条件下温室气体总排放通量及全球增温潜能值见表 4-1。

表 4-1 不同耕作措施条件下土壤温室气体总排放通量及全球增温潜能值

项目		温室气体(GHG)	不同耕作措施条件下的年排放通量/[t/(hm² · a)]				
			CT	ST	HT	RT	NT
试验时间	2007 年 10 月～2008 年 10 月	CH_4	−1.71[b]	−1.63[c]	−1.51[d]	−1.85[a]	−1.15[e]
		N_2O	4.18[d]	4.30[c]	4.37[c]	4.45[b]	4.64[a]
	2008 年 10 月～2009 年 10 月	CH_4	−1.63[d]	−1.81[a]	−1.74[b]	−1.67[c]	−1.20[e]
		N_2O	4.67[a]	4.46[c]	4.57[b]	4.15[d]	4.57[b]
	2009 年 10 月～2010 年 10 月	CH_4	−1.81[b]	−1.93[a]	−1.52[c]	−1.97[a]	−1.35[d]
		N_2O	4.36[b]	4.12[c]	4.34[b]	4.13[c]	4.75[a]
	2010 年 10 月～2011 年 10 月	CH_4	−1.79[c]	−2.11[a]	−1.88[b]	−2.09[a]	−1.28[e]
		N_2O	4.35[b]	4.32[c]	4.39[a]	4.35[b]	4.23[d]
	2011 年 10 月～2012 年 10 月	CH_4	−1.95[b]	−1.86[c]	−1.68[d]	−2.47[a]	−1.31[e]
		N_2O	4.93[a]	4.45[d]	4.69[c]	4.47[d]	4.71[b]
总排放通量/(t/hm²)		CH_4	−8.89[c]	−9.34[b]	−8.33[d]	−10.05[a]	−6.29[e]
		N_2O	22.49[b]	21.65[c]	22.36[b]	21.55[c]	22.90[a]
总全球增温潜能值/(t/hm²)		CH_4	−2.40	−2.52	−2.25	−2.71	−1.70
		N_2O	67.02	64.52	66.64	64.21	68.25
CH_4 和 N_2O 的总全球增温潜能值/(t/hm²)			64.62	62.00	64.39	61.50	66.55

注：表中同行不同小写字母分别表示差异极显著($P<0.01$)。

各处理土壤表现为 CH_4 的吸收汇和 N_2O 的排放源。试验期间(2007 年 10 月～2012 年 10 月)各试验年份之间的通量波动性较大，不同耕作措施处理之间的 CH_4 和 N_2O 排放通量差异显著。自 2007 年开始至 2012 年，CH_4 的年吸收通量范围分别为 1.15～1.85 t/(hm² · a)、1.20～1.81 t/(hm² · a)、1.35～1.97 t/(hm² · a)、1.28～2.11 t/(hm² · a)、1.31～2.47 t/(hm² · a)，N_2O 的年排放通量范围分别为 4.18～4.64 t/(hm² · a)、4.15～4.67 t/(hm² · a)、4.12～4.75 t/(hm² · a)、4.23～4.39 t/(hm² ·

a)、4.45～4.93 t/(hm^2 · a)。试验期间 CH_4 的总吸收通量以 RT 处理最高，达到 10.05 t/hm^2，显著地高于其他处理，NT 处理最低，只有 6.29 t/hm^2；CH_4 的全球增温潜能值表现为 NT＞HT＞CT＞ST＞RT。各处理 N_2O 的总排放通量表现为 NT＞CT＞HT＞ST＞RT，全球增温潜能值表现为 NT＞CT＞HT＞ST＞RT。CH_4 和 N_2O 的总全球增温潜能值以 NT 处理最高，为 66.55 kg/hm^2，分别比 CT、ST、HT 和 RT 处理高出 2.99%、7.34%、3.35%和 8.21%。

4.3 温室气体排放与土壤环境因子的关系

4.3.1 CH_4 吸收通量与土壤环境因子的回归分析

回归分析表明，在不同耕作措施条件下，CH_4 的吸收通量与土壤 5 cm 地温呈极显著的正相关关系[图 4-1(a)，R^2＝0.44，P＜0.01，样本量(n)＝105]，而与土壤 0～20 cm 水分含量呈极显著的负相关关系[图 4-1(b)，R^2＝0.34，P＜0.01，n＝105]。

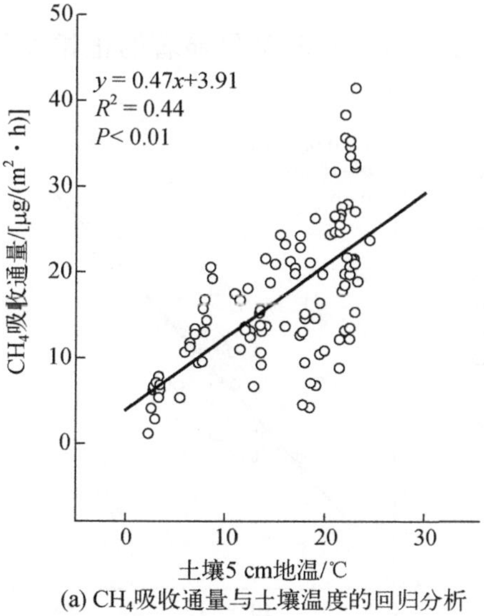

(a) CH_4吸收通量与土壤温度的回归分析

图 4-1

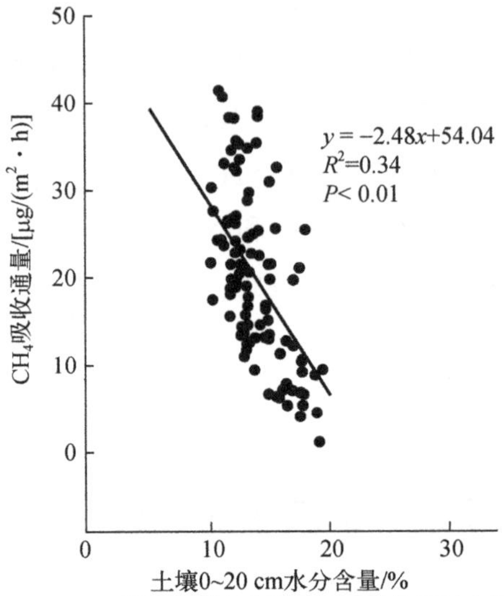

(b) CH_4吸收通量与土壤水分含量的回归分析

图 4-1　CH_4 吸收通量与土壤温度和水分含量的回归分析

4.3.2　N_2O 排放通量与土壤环境因子的回归分析

回归分析表明，不同耕作措施条件下，N_2O 的排放通量与土壤 0～20 cm 水分含量［图 4-2(a)，$R^2=0.60$，$P<0.01$，$n=105$］和 NO_3^--N 含量［图 4-2(b)，$R^2=0.53$，$P<0.01$，$n=105$］都呈显著的正相关关系。

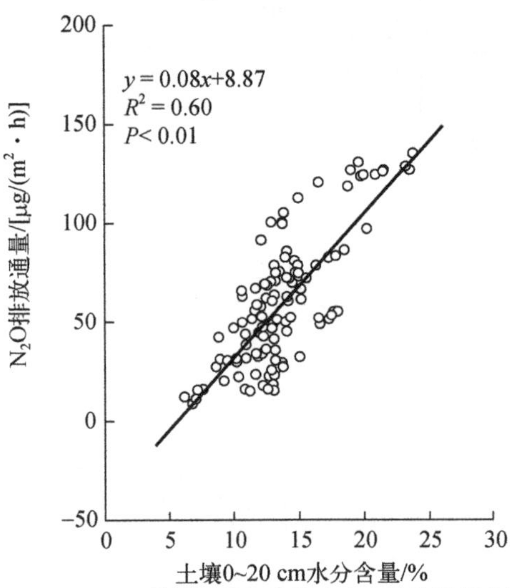

(a) N_2O排放通量与土壤水分含量的回归分析

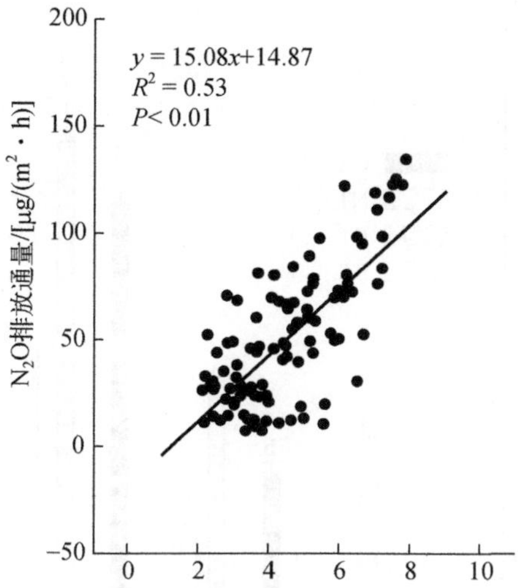

(b) N_2O排放通量与土壤NO_3^--N含量的回归分析

图 4-2　N_2O 排放通量与土壤水分含量和 NO_3^--N 含量的回归分析

4.4 温室气体排放与相关微生物菌群的关系

4.4.1　与 CH_4 排放相关的优势菌群及回归分析

不同耕作方式下，土壤中 CH_4 氧化菌（MOB）的数量级为 10^5CFU/g 干土（图 4-3），而产 CH_4 菌（MPB）的数量级为 10^3CFU/g 干土，两者数量的显著差异说明不同耕作方式下农田土壤中 MOB 是优势菌群，使土壤成为吸收 CH_4 的弱汇。而各耕作处理土壤 MPB 和 MOB 数量也有显著差异，RT 处理土壤的 MOB 数量显著高于其他 3 种耕作措施，且随着温度的升高，MOB 数量显著增加。

4.4.2　CH_4 吸收通量与产 CH_4 菌和 CH_4 氧化菌的回归分析

由图 4-4 可知，土壤中 MPB 和 MOB 的数量是土壤 CH_4 吸收通量的决定因子，土壤 CH_4 吸收通量与土壤 MPB[图 4-4(a)，R^2=0.66，P<0.01]和

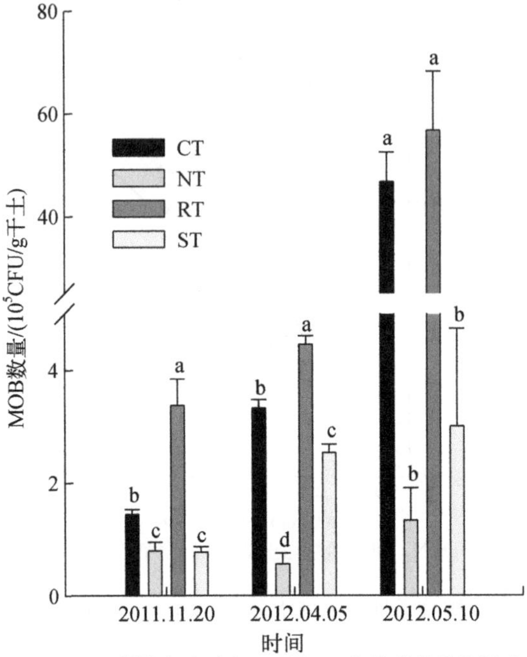

(a) 不同耕作方式对农田土壤CH_4氧化菌数量的影响

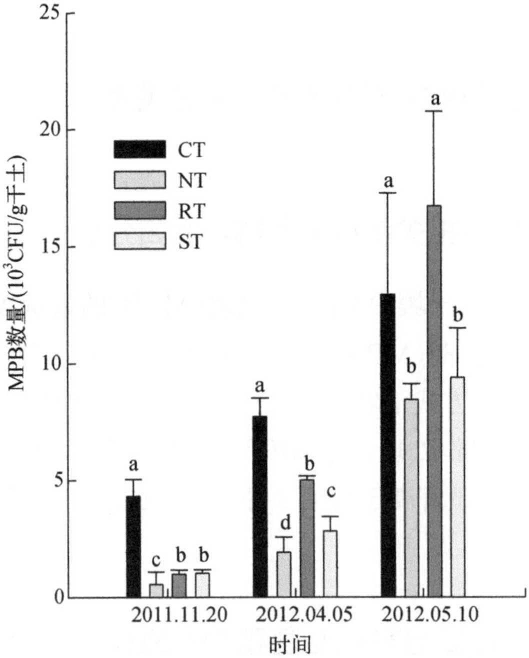

(b) 不同耕作方式对农田土壤产CH_4菌数量的影响

图 4-3　不同耕作方式对农田土壤 CH_4 氧化菌和产 CH_4 菌数量的影响

MOB[图 4-4(b)，R^2=0.64，P<0.01]的数量呈极显著正相关关系。

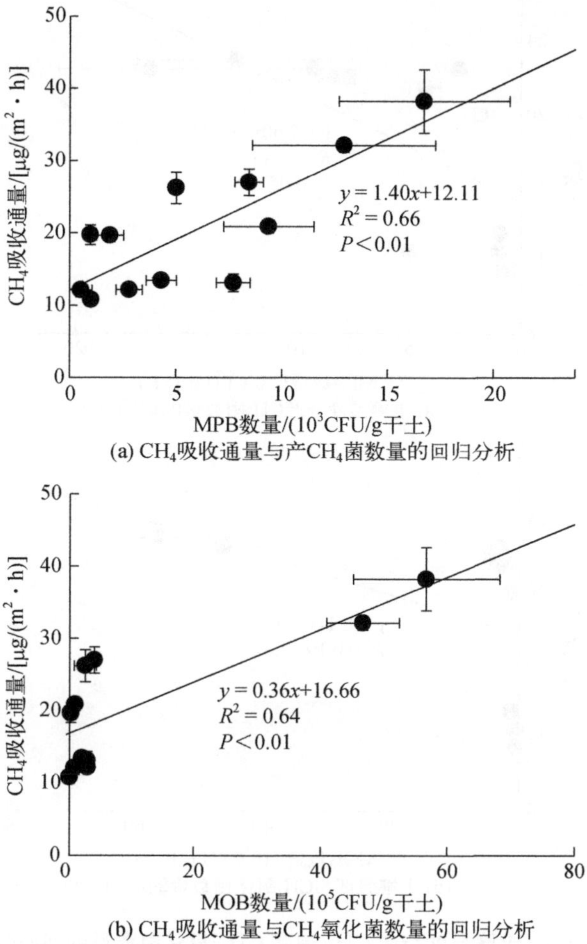

图 4-4　CH_4 吸收通量与产 CH_4 菌和 CH_4 氧化菌数量的回归分析

4.4.3　土壤环境因子与 CH_4 排放相关微生物菌群的回归分析

(1) 土壤温度

由图 4-5(a)可知，土壤温度显著地影响土壤中 MPB 的数量(R^2=0.43，P<0.05)，而与土壤中 MOB 数量之间并无显著的相关关系[图 4-5(b)，R^2=0.19]。

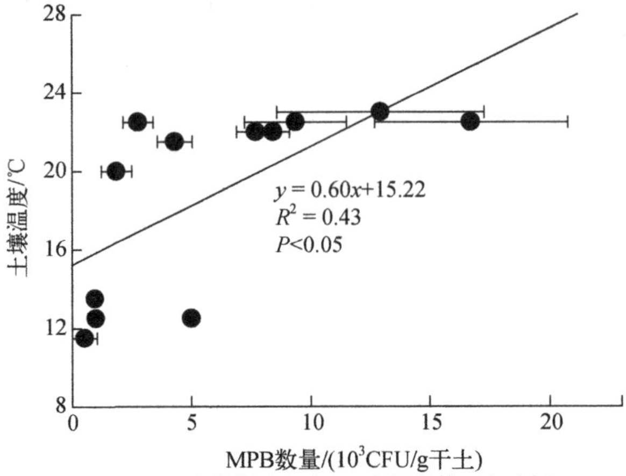

(a) 土壤温度与产CH_4菌数量的回归分析

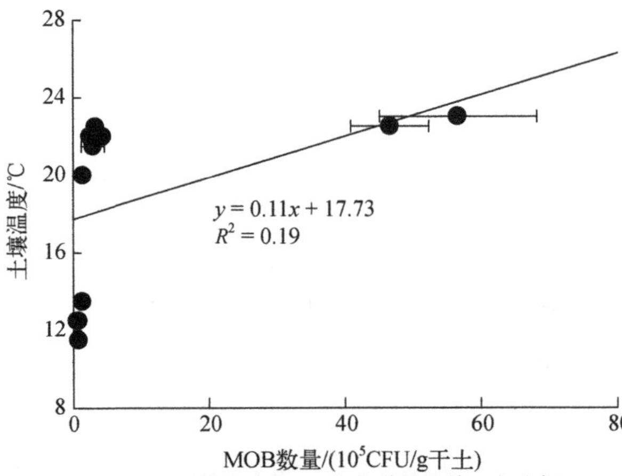

(b) 土壤温度与CH_4氧化菌数量的回归分析

图 4-5　土壤温度与产 CH_4 菌和 CH_4 氧化菌数量的回归分析

(2) 土壤水分含量

由图 4-6(a)可知，土壤水分含量显著地影响土壤中 MPB 的数量(R^2＝0.45，P＜0.05)，但与土壤中 MOB 数量呈极显著负相关关系[图 4-6(b)，R^2＝0.64，P＜0.01]。

(3) 土壤 pH 值

土壤 pH 值与土壤中 MPB 数量[图 4-7(a)，R^2＝0.62，P＜0.01]呈极显著负相关关系，与 MOB 数量[图 4-7(b)，R^2＝0.33，P＜0.05]呈显著负相关关系，说明土壤 pH 值大小显著影响着两种菌群的数量。

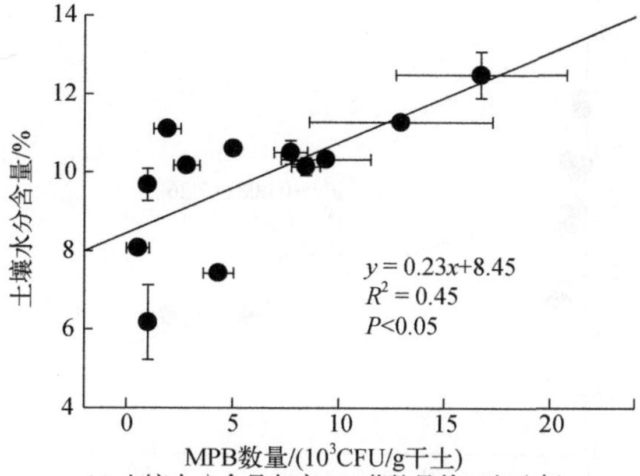

(a) 土壤水分含量与产CH_4菌数量的回归分析

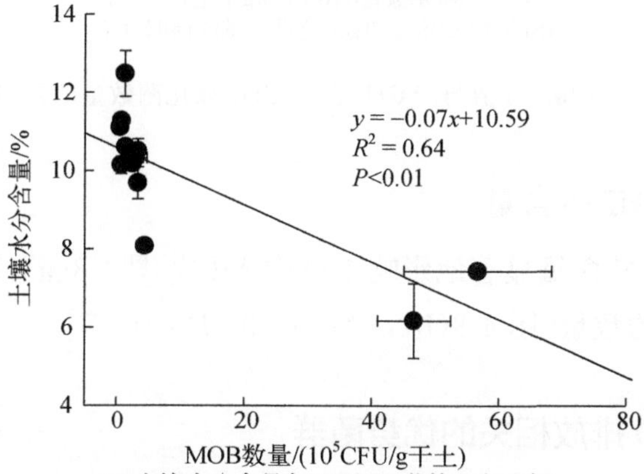

(b) 土壤水分含量与CH_4氧化菌的回归分析

图 4-6　土壤水分含量与产 CH_4 菌和 CH_4 氧化菌数量的回归分析

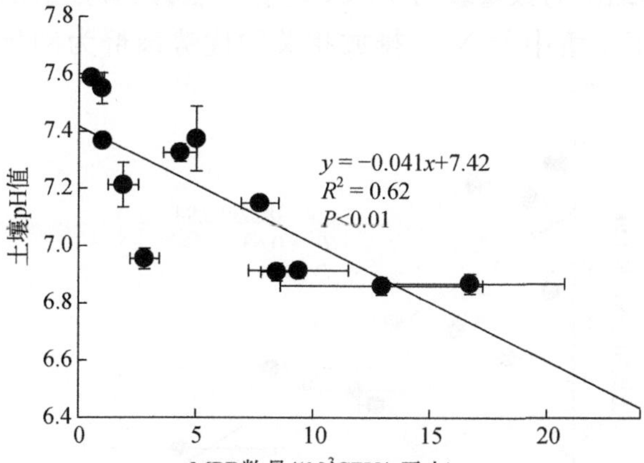

(a) 土壤pH值与产CH_4菌数量的回归分析

图 4-7

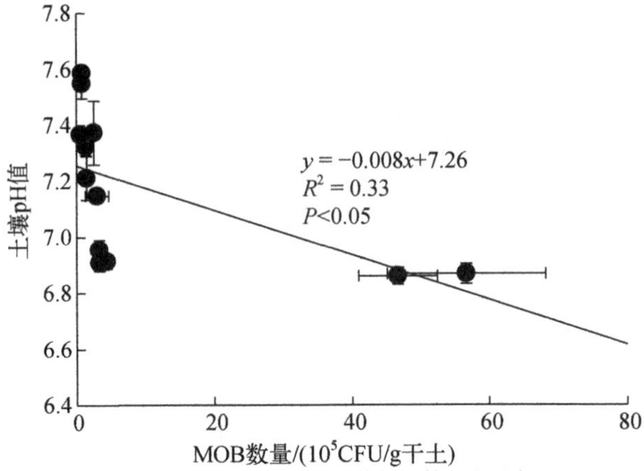

(b) 土壤pH值与CH_4氧化菌数量的回归分析

图 4-7 土壤 pH 值与产 CH_4 菌和 CH_4 氧化菌数量的回归分析

(4) 土壤 NH_4^+-N 含量

土壤 NH_4^+-N 含量显著地影响土壤中 MPB[图 4-8(a)，$R^2=0.63$，$P<0.01$]和 MOB 的数量[图 4-8(b)，$R^2=0.39$，$P<0.05$]。

4.4.4 与 N_2O 排放相关的优势菌群

由图 4-9 可知，不同耕作方式下土壤中硝化细菌的数量级为 10^4CFU/g 干土，而反硝化细菌的数量级为 10^2CFU/g 干土，两者数量的显著差异说明不同耕作方式下土壤中与 N_2O 排放相关的优势菌群为硝化细菌。各耕作

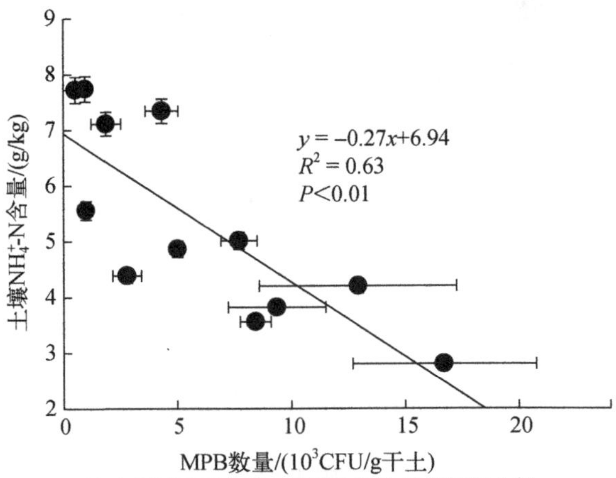

(a) 土壤NH_4^+-N含量与产CH_4菌数量的回归分析

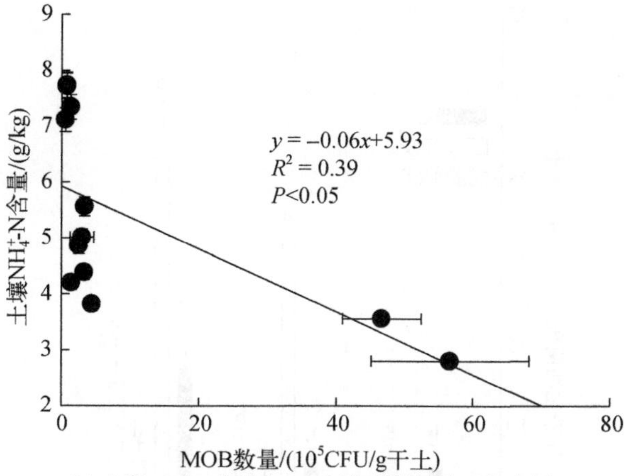

(b) 土壤NH_4^+-N含量与CH_4氧化菌数量的回归分析

图 4-8　土壤 NH_4^+-N 含量与产 CH_4 菌和 CH_4 氧化菌数量的回归分析

方式下农田土壤硝化细菌和反硝化细菌数量有显著差异，硝化细菌表现为 NT＞CT＞RT＞ST，反硝化细菌表现为 NT＞CT＞ST＞RT。

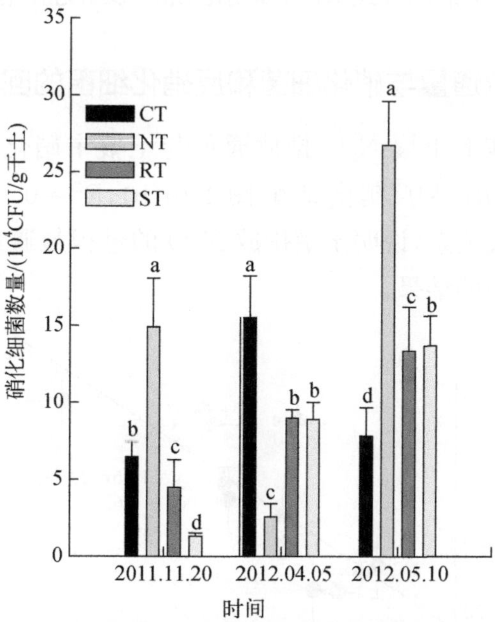

(a) 不同耕作方式对硝化细菌数量的影响

图 4-9

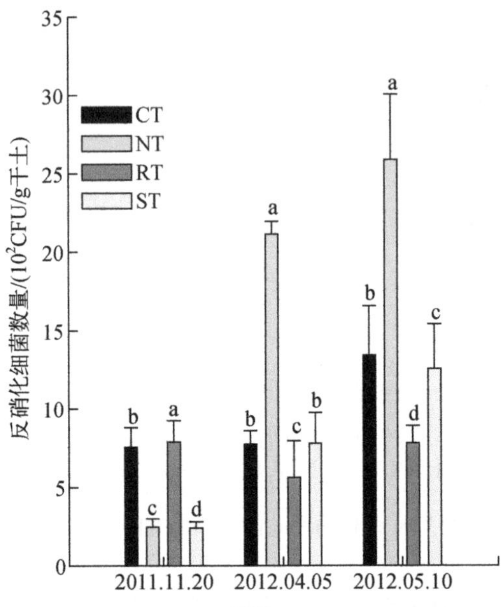

(b) 不同耕作方式对反硝化细菌数量的影响

图 4-9 不同耕作方式对农田土壤硝化细菌和反硝化细菌数量的影响

4.4.5 N_2O 排放通量与硝化细菌和反硝化细菌的回归分析

不同耕作措施下土壤 N_2O 排放通量与土壤中硝化细菌[图 4-10(a)，$R^2=0.62$，$P<0.01$]和反硝化细菌[图 4-10(b)，$R^2=0.64$，$P<0.01$]的数量呈极显著正相关关系，说明土壤排放 N_2O 的过程与通量大小是硝化细菌和反硝化细菌活动的结果。

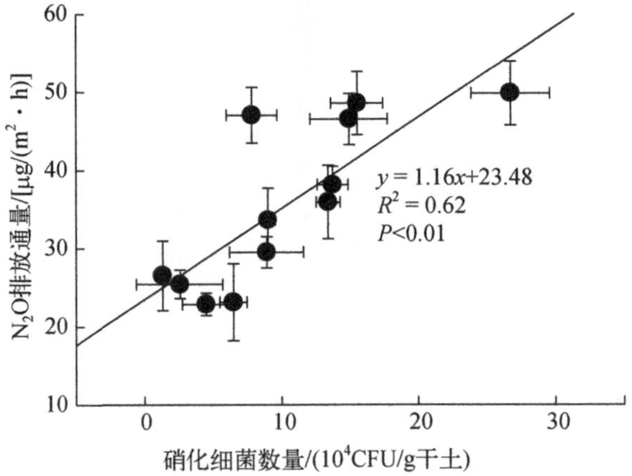

(a) N_2O排放通量与硝化细菌数量的回归分析

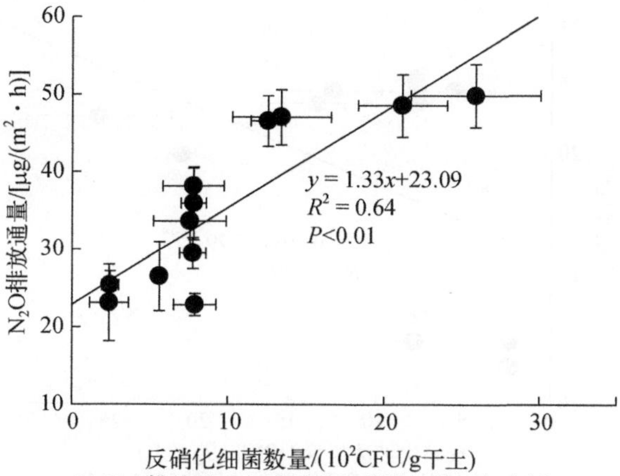

(b) N_2O排放通量与反硝化细菌数量的回归分析

图 4-10　N_2O 排放通量与硝化细菌和反硝化细菌数量的回归分析

4.4.6　土壤环境因子与 N_2O 排放相关微生物菌群的回归分析

(1) 土壤温度

由图 4-11(a)可知，土壤温度显著影响土壤中硝化细菌的数量(R^2＝0.45，$P<0.01$)，但对土壤中反硝化细菌的数量并无显著的影响[图 4-11(b)，R^2＝0.20]。

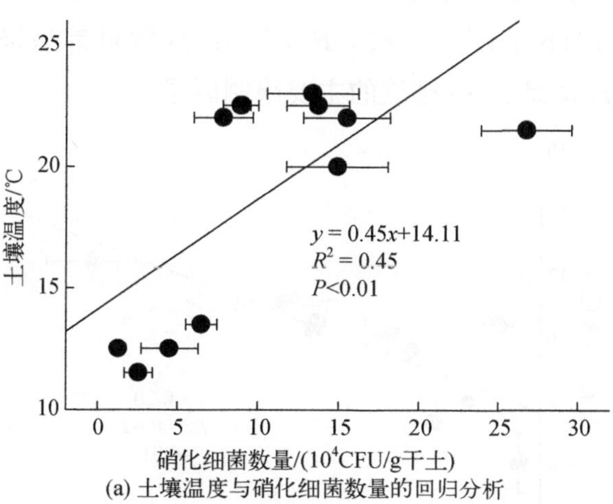

(a) 土壤温度与硝化细菌数量的回归分析

图 4-11

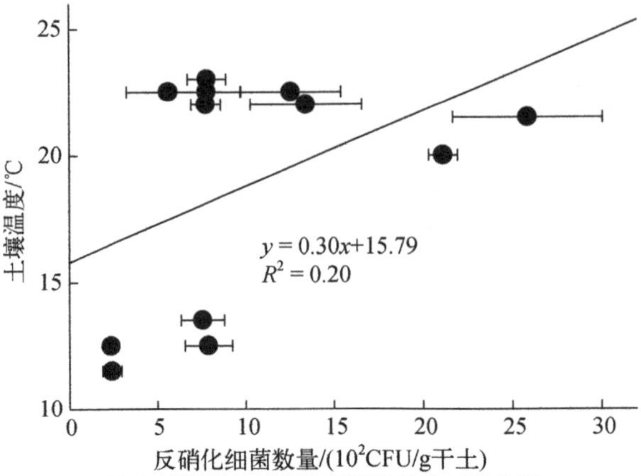

(b) 土壤温度与反硝化细菌数量的回归分析

图 4-11 土壤温度与硝化细菌和反硝化细菌数量的回归分析

(2) 土壤水分

土壤水分与土壤中硝化细菌[图 4-12(a)，$R^2=0.62$，$P<0.01$]和反硝化细菌[图 4-12(b)，$R^2=0.52$，$P<0.01$]的数量呈极显著正相关关系，说明在一定水分含量范围内，土壤中的水分含量越高，N_2O 排放通量越大。

(3) 土壤 pH 值

土壤 pH 值与土壤中硝化细菌[图 4-13(a)，$R^2=0.57$，$P<0.01$]和反硝化细菌[图 4-13(b)，$R^2=0.63$，$P<0.01$]的数量都呈极显著负相关关系，说明土壤 pH 值是 N_2O 排放的主要限制因子。

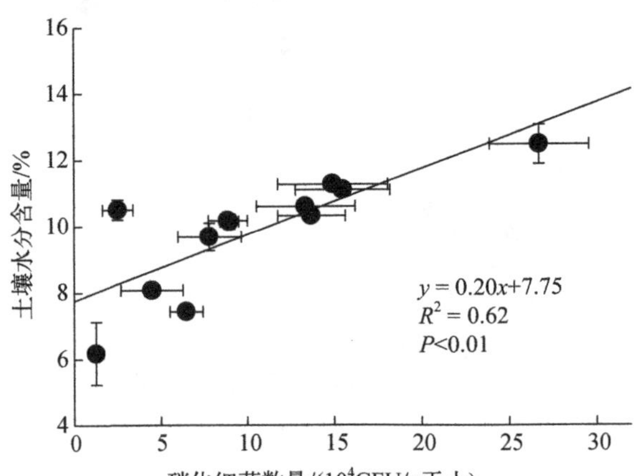

(a) 土壤水分含量与硝化细菌数量的回归分析

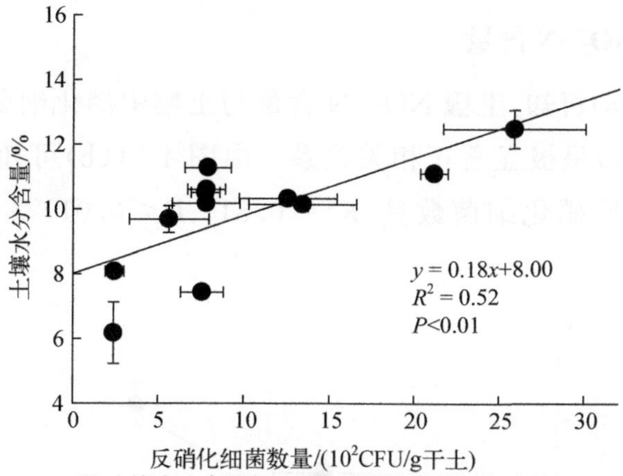

(b) 土壤水分含量与反硝化细菌数量的回归分析

图 4-12　土壤水分含量与硝化细菌和反硝化细菌数量的回归分析

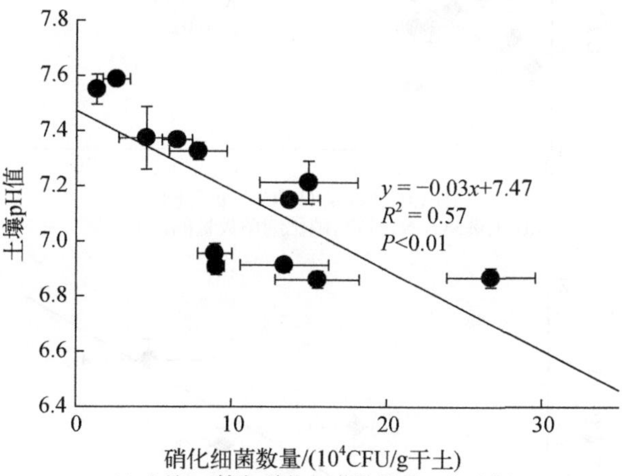

(a) 土壤pH值与硝化细菌数量的回归分析

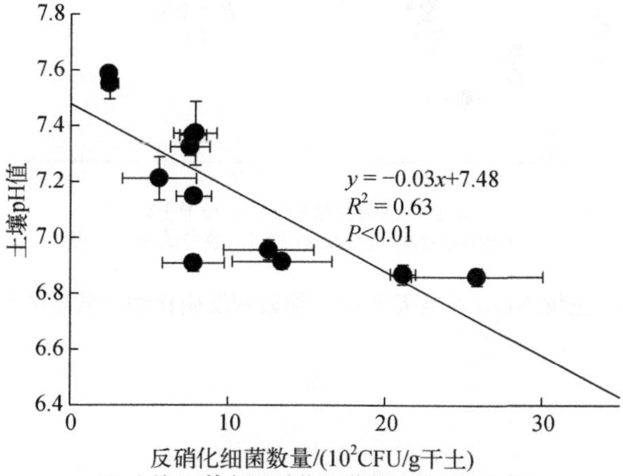

(b) 土壤pH值与反硝化细菌数量的回归分析

图 4-13　土壤 pH 值与硝化细菌和反硝化细菌数量的回归分析

(4) 土壤 NO_3^--N 含量

由图 4-14(a)可知，土壤 NO_3^--N 含量与土壤中硝化细菌的数量($R^2=0.73$，$P<0.01$)呈极显著正相关关系。由图 4-14(b)可知，土壤 NO_3^--N 含量与土壤中反硝化细菌数量($R^2=0.81$，$P<0.01$)呈极显著正相关关系。

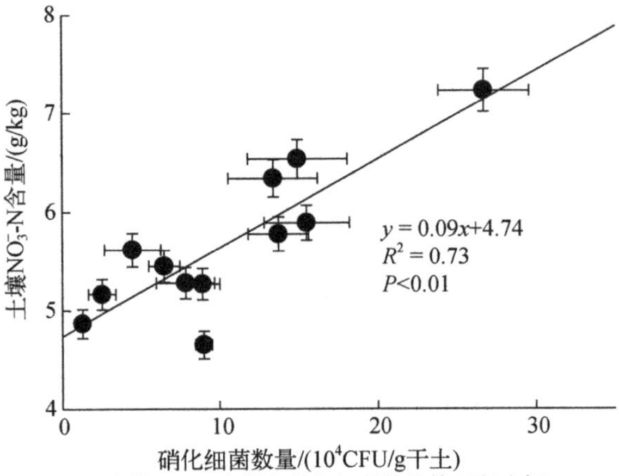

(a) 土壤 NO_3^--N含量与硝化细菌数量的回归分析

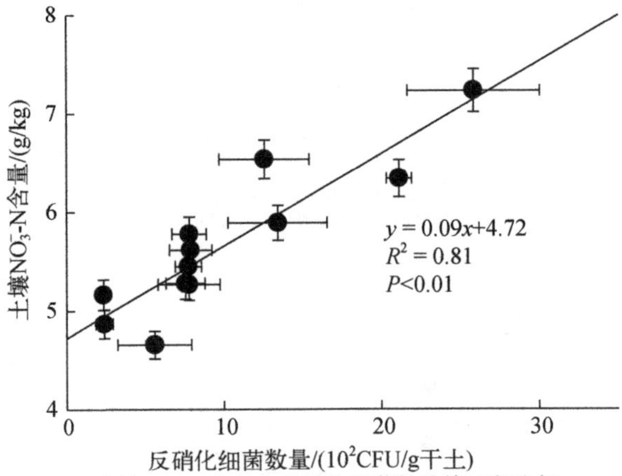

(b) 土壤 NO_3^--N含量与反硝化细菌数量的回归分析

图 4-14　土壤 NO_3^--N 含量与硝化细菌和反硝化细菌数量的回归分析

参考文献

鲍士旦. 土壤农化分析. 3版. 北京:中国农业出版社,2000.

李振高,骆永明,滕应. 土壤与环境微生物研究法. 北京:科学出版社,2008.

钱泽澍,闵航. 沼气发酵微生物学. 杭州:浙江科学技术出版社,1986.

Chatskikh D. ,Olesen J. E.. Soil tillage enhanced CO_2 and N_2O emissions from loamy sand soil under spring barley. Soil Till. Res. ,2007,97:5-18.

IPCC. Climate change 2007:The physical science basis. Contribution of working group I to the fourth assessment report of the intergovernmental panel on climate change. Cambridge:Cambridge University Press,2007.

Liang W. ,Shi Y. ,Zhang H. ,et al. Greenhouse gas emissions from northeast China rice fields in fallow season. Pedosphere,2007,17:630-638.

Robertson G.. Fluxes of nitrous oxide and other nitrogen trace gases from intensively managed landscapes: A global perspective// Harpwr L. A. ,Mosier A. R. ,Duxbury J. M. ,et al. Agricultural ecosystem effects on trace gases and global climate change. ASA Special Publication No. 55. ASA, CSSA, SSSA, Madison,1993:95-108.

第5章

优化耕作和秸秆还田下农田土壤团聚体分布差异

5.1 研究方案

5.1.1 试验地概况

本试验在山东省泰安市山东农业大学农学试验站的不同耕作措施定位试验点进行(始于 2002 年)。试验地位于 36°09′30.78″～36°09′27.59″ N，117°09′13.79″～117°09′12.02″ E，属于温带大陆性季风气候，四季分明，光照充足。该地区年平均气温 13.8 ℃，年均降雨量 710 mm，具有华北平原的典型特点。试验田土壤为棕壤土，土层深厚，耕层土壤有机碳 7.19 g/kg，全氮 0.81 g/kg，速效氮 108.8 mg/kg，全磷 17.60 g/kg，速效磷 38.4 mg/kg，土壤容重 1.43 g/cm^3。

5.1.2 试验设计

试验采用裂区设计：主区为耕作区，分为免耕(N)、旋耕(R)、耙耕(H)、深松(S)和常规耕作(C)5 种耕作方式；副区为秸秆还田区，分为秸秆全量还田(P)和无秸秆还田(A)2 种方式。两因素相互组合共 10 个处理，详见表 5-1。

表 5-1 试验处理

耕作方式	处理方式	
	秸秆全量还田(P)	无秸秆还田(A)
常规耕作(C)	常规耕作秸秆还田(PC) CK	常规耕作无秸秆还田(AC) CK
深松(S)	深松耕秸秆还田(PS)	深松耕无秸秆还田(AS)
耙耕(H)	耙耕秸秆还田(PH)	耙耕无秸秆还田(AH)
旋耕(R)	旋耕秸秆还田(PR)	旋耕无秸秆还田(AR)
免耕(N)	免耕秸秆还田(PN)	免耕无秸秆还田(AN)

注：CK 表示对照组。

试验设 3 次重复，小区面积 15 m×4m。试验采用冬小麦-夏玉米轮作体系，各处理统一田间管理，小麦季基施纯 N 225 kg/hm^2、P_2O_5 180 kg/hm^2、K_2O 180 kg/hm^2，各处理在拔节期统一追施纯 N 100 kg/hm^2，浇拔节水 160 mm；玉米季基施纯 N 120 kg/hm^2、P_2O_5 120 kg/hm^2、K_2O 100 kg/hm^2，大喇叭口期追施纯 N 120 kg/hm^2。

5.1.3 土样采集

土样采集于 2011 年 10 月进行，用直径为 10 cm 的环刀（避免外力挤压，以保持原来的结构状态）多点（3～5 点）采集有代表性的原状耕层土壤，分 0～10 cm、10～20 cm 和 20～30 cm 3 个层次。运回室内后（运输时避免振动和翻倒），沿土壤的自然结构轻轻地剥开，将原状土剥成小土块，同时防止外力的作用而变形，过 7mm 筛，并剔去粗根和小石块。土样摊平在透气通风处，让其自然风干。

5.1.4 试验方法

土壤水稳性团聚体含量采用湿筛法（Cambardella et al.，1994）。各处理取 50g 的土样，用于湿筛分析。湿筛分析在团聚体分析仪上进行，一次可同时分析 4 个土样。套筛孔径依次为 5 mm、2 mm、1 mm、0.5 mm、0.25 mm 和 0.053 mm。将土样倒入套筛后，浸润 10 min，开启团聚体分析仪，设置筛动频率为 20 次/min（上下筛动时套筛不能露出水面），定时 2 min。筛好后，将套筛拆开，留在筛子上的各级团聚体用细水流通过漏斗分别洗入铝盒，待澄清后倒去上清液，于烘箱中 55 ℃风干，在空气中平衡 2h 后称重（Barreto et al.，2009），各处理重复 3 次。

5.1.5 结果计算

(1) 不同粒级水稳性团聚体的质量分数（周虎等，2007）

计算公式如下：

$$w_i = \frac{m_i}{50} \times 100\%$$

式中 w_i——粒级 i 水稳性团聚体的质量分数，%；

m_i——粒级 i 水稳性大团聚体的风干质量，g。

(2) 水稳性大团聚体数量(周虎等,2007)

计算公式如下：

$$R_{0.25}=\frac{M_{i>0.25}}{M_{\mathrm{T}}}$$

式中 $R_{0.25}$——水稳性大团聚体数量(>0.25 mm)；

$M_{i>0.25}$——粒级大于 0.25 mm 团聚体的质量；

M_{T}——团聚体的总质量。

(3) 平均重量直径(MWD)

计算公式如下：

$$\mathrm{MWD}=\frac{\sum_{i=1}^{n}(x_i w_i)}{\sum_{i=1}^{n} w_i}$$

式中 MWD——平均重量直径；

w_i——粒级 i 团聚体的质量分数；

x_i——粒级 i 平均直径。

(4) 几何平均直径(GMD)

计算公式如下：

$$\mathrm{GMD}=\exp\left[\frac{\sum_{i=1}^{n}(w_i \ln x_i)}{\sum_{i=1}^{n} w_i}\right]$$

式中 GMD——几何平均直径；

w_i——粒级 i 团聚体的质量分数；

x_i——粒级 i 平均直径。

5.1.6 数据分析

试验所得数据采用 Excel 2003 处理。采用 DPS 7.05 数据分析系统进行方差分析(LSD)和回归分析。在两因素随机区组进行方差分析时，将试验变异来源分为区组间、A 因素(耕作因素)、B 因素(秸秆因素)、两因素交互效应、误差及总变异几部分进行作用力分析，各部分所起的变异大小由其所产生的平方和表示，因此耕作因素、秸秆因素及其交互效应作用力（各部分引起的变异在总变异中所占的比例）可用下式计算（杜荣骞，2003）：

耕作作用力＝耕作变量（平方和）/总变量（总平方和）×100 %

秸秆作用力＝秸秆变量（平方和）/总变量（总平方和）×100 %

交互作用力＝交互变量（平方和）/总变量（总平方和）×100 %

5.2 土壤水稳性团聚体分布的影响

由表 5-2 可以看出，无论是秸秆还田处理还是无秸秆还田处理，不同耕作措施条件下 0～10 cm 土层的水稳性团聚体多集中于 2～5 mm 粒级。各处理 0.05～0.5 mm 粒级的水稳性团聚体分布较平均，没有表现出明显的规律。但不同耕作措施之间则反映出不同的分布特点，由于深松和免耕措施对 0～10 cm 土层扰动较小，PS 和 PN 处理的水稳性团聚体多集中于 2～5 mm 粒级，且数量显著高于其他处理。而旋耕（PR）由于多作用于表层（0～15 cm），且扰动剧烈，其不同粒级水稳性团聚体分布较其他处理更平均。而通过比较秸秆还田对水稳性团聚体质量分数的影响发现，除 PN 外，秸秆还田条件下＜0.05 mm 的水稳性团聚体质量分数要显著小于无秸秆还田处理，说明秸秆还田有利于微团聚体团聚成更大粒级的团聚体，并且秸秆还田可能会在耕作时增加扰动阻力，减少对团聚体的破坏作用。

通过表 5-3 可以看出，10～20 cm 土层水稳性团聚体多集中在 2～5 mm 和 0.5～1 mm 粒级。但不同耕作措施表现出不同的分布趋势。PS 处理以 0.25～5 mm 粒级水稳性团聚体为主，分布较均匀；PH 处理则以 0.25～0.5 mm 粒级的水稳性团聚体为主。而 PC 处理的水稳性团聚体则主要集中在 2～5 mm 粒级。由此可以看出，不同耕作措施对 10～20 cm 水稳性团聚体的数量产生了较大的影响，使之表现出不同的分布趋势。但在该层次，秸秆还田处理和无秸秆还田处理之间并没有表现出明显的规律。

由表 5-4 可以看出，在 20～30 cm 土层水稳性团聚体的分布要比 0～20 cm 更为广泛。不同耕作措施处理表现出更为明显的分布规律。PC 处理

表 5-2　不同耕作措施和秸秆还田对 0～10 cm 土层水稳性团聚体分布的影响

处理		各粒级水稳性团聚体的质量分数/%						
		5～7 mm	2～5 mm	1～2 mm	0.5～1 mm	0.25～0.5 mm	0.05～0.25 mm	<0.05 mm
C	AC	5.38 ± 1.03^{d}	36.43 ± 7.45^{a}	11.30 ± 3.19^{b}	14.05 ± 5.63^{b}	11.28 ± 3.20^{b}	9.32 ± 0.27^{c}	12.24 ± 0.51^{b}
	PC	1.46 ± 0.86^{e}	34.19 ± 1.60^{a}	14.89 ± 0.13^{bc}	16.10 ± 0.51^{b}	13.96 ± 0.11^{c}	9.84 ± 0.92^{d}	9.57 ± 0.31^{d}
S	AS	3.10 ± 0.82^{d}	30.76 ± 2.33^{a}	14.10 ± 3.84^{b}	10.61 ± 1.95^{c}	19.18 ± 0.48^{b}	9.08 ± 1.78^{c}	13.18 ± 3.73^{bc}
	PS	2.54 ± 0.13^{e}	37.45 ± 5.35^{a}	17.42 ± 9.06^{b}	12.05 ± 3.45^{c}	12.41 ± 1.92^{c}	9.59 ± 0.51^{d}	8.54 ± 1.02^{d}
H	AH	6.15 ± 1.75^{d}	20.90 ± 7.66^{a}	11.39 ± 6.99^{c}	21.02 ± 1.22^{a}	15.95 ± 1.60^{b}	12.02 ± 2.23^{c}	12.58 ± 3.02^{c}
	PH	11.11 ± 0.46^{b}	33.95 ± 4.04^{a}	12.45 ± 5.14^{b}	15.41 ± 0.57^{b}	8.64 ± 6.70^{b}	8.66 ± 1.64^{b}	9.79 ± 1.87^{b}
R	AR	12.11 ± 1.76^{bc}	15.08 ± 2.33^{b}	14.37 ± 1.53^{b}	18.16 ± 2.13^{a}	15.18 ± 0.36^{b}	13.70 ± 0.70^{bc}	11.39 ± 0.11^{c}
	PR	18.78 ± 5.53^{ab}	17.20 ± 0.05^{ab}	11.38 ± 1.25^{b}	21.94 ± 5.96^{a}	12.82 ± 0.52^{b}	8.57 ± 0.60^{c}	9.31 ± 0.69^{c}
N	AN	2.64 ± 0.07^{d}	34.29 ± 3.80^{a}	11.29 ± 2.59^{bc}	16.26 ± 0.27^{b}	14.88 ± 2.50^{bc}	10.75 ± 0.00^{c}	9.89 ± 1.62^{c}
	PN	13.37 ± 1.44^{b}	35.07 ± 1.02^{a}	10.58 ± 0.88^{bc}	11.83 ± 2.46^{bc}	7.16 ± 3.45^{c}	11.66 ± 1.44^{bc}	9.98 ± 0.86^{bc}

注：表中同行不同小写字母分别表示差异显著（$P<0.05$）。

表 5-3 不同耕作措施和秸秆还田对 10～20 cm 土层水稳性团聚体分布的影响

处理		各粒级水稳性团聚体的质量分数/%						
		5～7 mm	2～5 mm	1～2 mm	0.5～1 mm	0.25～0.5 mm	0.05～0.25 mm	<0.05 mm
C	AC	3.26±0.52d	41.61±1.21a	10.53±0.39bc	9.19±5.37c	13.28±1.60b	9.19±1.48c	12.94±5.80b
	PC	1.94±0.69d	39.88±7.14a	10.95±0.68bc	16.85±6.09b	12.70±2.33b	8.45±0.31c	9.23±0.96c
S	AS	5.46±3.05d	26.86±5.48a	5.92±0.93d	26.84±3.52a	15.76±7.00b	8.02±4.01c	11.14±1.45bc
	PS	5.56±0.68d	20.50±1.35a	20.20±1.72a	14.11±3.34b	21.53±2.91a	8.16±0.37c	9.95±0.98bc
H	AH	7.64±1.02d	11.46±0.07c	13.63±2.16c	22.40±1.39a	18.04±1.10b	12.96±2.21c	13.88±2.99c
	PH	9.99±5.65bc	10.23±2.50bc	14.77±3.00b	8.29±7.75c	33.47±4.99a	7.95±3.45c	15.29±0.05b
R	AR	12.38±3.17c	11.10±1.62c	11.85±2.41c	24.28±3.91a	12.79±4.31c	16.07±2.86b	11.54±4.11c
	PR	8.84±2.67c	21.50±7.68a	13.44±1.99b	22.40±1.74a	15.20±0.92b	9.69±0.99c	8.93±0.61c
N	AN	5.03±2.18d	26.37±10.93a	12.68±0.74b	25.31±2.33a	15.34±3.38b	7.53±1.43c	7.73±0.88c
	PN	4.48±1.49c	26.23±2.60a	12.43±8.56b	23.78±5.75a	11.50±0.78b	10.06±1.14b	11.52±2.06b

注：表中同行不同小写字母分别表示差异显著（$P<0.05$）。

表 5-4 不同耕作措施和秸秆还田对 20～30 cm 土层水稳性团聚体分布的影响

处理		各粒级水稳性团聚体的质量分数/%						
		5～7 mm	2～5 mm	1～2 mm	0.5～1 mm	0.25～0.5 mm	0.05～0.25 mm	<0.05 mm
C	AC	2.59±1.39[c]	14.70±0.99[b]	13.56±1.04[b]	27.05±2.46[a]	22.37±3.17[a]	9.67±2.22[b]	10.06±2.31[b]
	PC	0.34±0.02[c]	12.74±1.36[b]	10.98±5.84[b]	35.65±6.45[a]	18.44±0.59[b]	10.93±0.75[b]	10.94±2.12[b]
S	AS	1.49±0.23[c]	21.72±2.54[a]	12.71±0.42[b]	20.77±1.16[a]	20.80±0.34[a]	11.05±0.17[b]	11.46±1.05[b]
	PS	0.61±0.05[d]	27.98±13.37[a]	10.57±1.09[bc]	26.61±7.33[a]	15.48±1.33[b]	10.18±2.35[bc]	8.56±1.32[c]
H	AH	14.84±0.30[b]	14.81±7.08[b]	11.51±0.35[c]	20.21±2.84[a]	13.34±2.93[b]	12.87±0.45[bc]	12.43±1.50[bc]
	PH	2.29±0.21[d]	20.27±1.07[ab]	14.92±2.64[bc]	18.35±1.64[ab]	22.35±5.32[a]	10.71±1.45[c]	11.13±1.21[c]
R	AR	23.76±0.42[a]	13.03±4.41[c]	10.46±4.26[d]	17.95±4.57[b]	11.44±7.21[cd]	9.77±0.17[e]	13.59±2.75[c]
	PR	5.47±2.30[d]	17.10±3.52[ab]	16.95±3.26[ab]	19.91±2.61[a]	20.06±1.38[a]	11.69±1.57[bc]	8.81±1.09[c]
N	AN	2.77±0.32[e]	20.45±7.82[b]	14.77±4.08[c]	26.87±1.17[a]	14.12±1.95[c]	10.98±1.21[d]	10.05±2.07[d]
	PN	14.21±0.17[bc]	21.81±2.32[a]	15.89±1.45[b]	16.42±0.27[b]	12.80±1.20[bc]	8.50±0.00[d]	10.38±2.47[c]

注：表中同行不同小写字母分别表示差异显著($P<0.05$)。

水稳性团聚体主要集中在 0.5～1 mm 粒级，PS 为 2～5 mm 和 0.5～1 mm 粒级，PH 和 PR 处理则广泛地分布于 0.5～5 mm 粒级，而 PN 处理为 2～5 mm 粒级。深松、耙耕、免耕措施中，秸秆还田处理 0.05～0.25 mm 水稳性团聚体质量分数要显著低于无秸秆还田处理，说明在 20～30 cm 土层秸秆还田依然能影响水稳性大团聚体的形成。

5.3 农田土壤水稳性大团聚体的数量

土壤大团聚体是土壤结构最基本的单元，是土壤肥力的中心调节器，具有保证和协调土壤中的水肥气热、维持和稳定土壤疏松熟化层等作用，在一定程度上表征土壤通气性与抗蚀性（史奕等，2002；李阳兵等，2005）。由表 5-5 可以看出，各处理水稳性大团聚体数量表现出不同的趋势，PS、PR、PH 和 PN 处理在 0～10 cm 土层的水稳性大团聚体要显著高于对照 PC 处理，且秸秆还田处理显著高于无秸秆还田处理，说明保护性耕作和秸秆还田能更好地保护表层土壤的团聚体免受侵蚀。在 10～20 cm 土层，PS 处理水稳性大团聚体数量显著高于其他秸秆还田处理。在 20～30 cm 土层，PN 和 PS 处理显著高于其他处理（除 AC 外）。

表 5-5　各处理土壤中水稳性大团聚体的数量

土层深度/cm	不同处理的 $R_{0.25}$/%									
	C		S		H		R		N	
	AC	PC	AS	PS	AH	PH	AR	PR	AN	PN
0～10	79.36^{e}	79.60^{d}	75.19^{g}	83.64^{a}	75.86^{f}	80.86^{c}	75.11^{g}	81.72^{b}	79.62^{d}	80.99^{c}
10～20	78.06^{c}	80.85^{b}	81.90^{ab}	83.45^{a}	72.51^{d}	76.64^{d}	72.41^{d}	80.66^{b}	85.03^{a}	78.03^{c}
20～30	81.94^{a}	79.15^{b}	77.54^{c}	80.72^{ab}	75.61^{d}	75.34^{d}	77.03^{cd}	70.83^{e}	78.77^{b}	80.50^{ab}

注：表中同行不同小写字母分别表示差异显著（P<0.05）。

5.4 不同耕层土壤中水稳性大团聚体的作用力分析

通过作用力分析（表 5-6）可以看出，在 0～10 cm 土层，秸秆因素是影响水稳性大团聚体数量的主要因素($P<0.001$),而耕作和秸秆的交互效应对水稳性大团聚体数量的作用力也达到了极显著水平($P<0.01$)。但在 10～20 cm 土层,影响其数量分布的主要因素是耕作及耕作和秸秆的交互效应,两者均达到了极显著水平($P<0.001$)。在 20～30 cm 土层,秸秆因素依然能对水稳性大团聚体数量产生重要的影响($P<0.01$),但主要作用力来自耕作和秸秆的交互效应($P<0.001$)。

表 5-6　耕作方式、秸秆还田及其交互效应对各处理土壤中水稳性大团聚体的作用力分析

差异源	不同耕层土壤中水稳性大团聚体的作用力/%		
	0～10 cm	10～20 cm	20～30 cm
区组	0.23	0.73	2.09
耕作	9.77	54.78***	28.40**
秸秆	32.68***	0.31	19.54*
秸秆×耕作	46.40**	40.42***	40.92***
误差	10.91	3.77	9.05

注:* 表示 $P<0.05$,* * 表示 $P<0.01$,* * * 表示 $P<0.001$。

5.5 不同耕层土壤水稳性团聚体的平均重量直径和几何平均直径

MWD 和 GMD 是评价土壤团聚体稳定性的重要指标,MWD 和 GMD 值越大表示团聚体的平均粒径团聚度越高,稳定性越强(Zhou et al.,2007;Nimmo et al.,2002)。研究表明(表 5-7),在秸秆还田条件下,0～10 cm 土层,免耕、旋耕、深松和耙耕措施的 MWD 和 GMD 值要显著高于常规耕作,说明保护性耕作措施后土壤表层的水稳性团聚体稳定性要显著高于常规耕作。但在 10～20 cm 土层则表现出相反的趋势,常规耕作的 MWD 和 GMD 值显著高于保护性耕作处理。在秸秆还田条件下,20～30 cm 土层免耕处理 MWD 和 GMD 值显著高于其他处理。深松处理 MWD 和 GMD 值在 0～30 cm 土层一直降低,说明深松耕作方式对 30 cm 左右的土壤依然有较强烈的扰动,降低了水稳性团聚体的稳定性。

综合来看,免耕相对于其他耕作方式能更好地保护土壤团聚体的稳定性。

表 5-7 不同耕作方式和秸秆还田对 0～30 cm 土壤团聚体稳定指数的影响

处理		不同耕层土壤水稳性团聚体的平均重量直径(MWD)/mm			不同耕层土壤水稳性团聚体的几何平均直径(GMD)/mm		
		0～10 cm	10～20 cm	20～30 cm	0～10 cm	10～20 cm	20～30 cm
C	AC	1.88^{c}	1.92^{a}	1.15^{g}	0.90^{d}	0.90^{b}	0.60^{g}
	PC	1.69^{f}	1.85^{b}	0.99^{h}	0.87^{e}	0.97^{a}	0.54^{h}
S	AS	1.61^{g}	1.58^{d}	1.28^{f}	0.75^{g}	0.76^{e}	0.63^{f}
	PS	1.85^{e}	1.50^{e}	1.45^{d}	0.99^{b}	0.76^{e}	0.76^{c}
H	AH	1.45^{i}	1.25^{h}	1.66^{c}	0.66^{i}	0.56^{g}	0.72^{d}
	PH	2.10^{b}	1.29^{g}	1.29^{f}	1.07^{a}	0.54^{h}	0.63^{f}
R	AR	1.57^{h}	1.45^{f}	1.82^{b}	0.70^{h}	0.63^{f}	0.85^{b}
	PR	1.94^{c}	1.64^{c}	1.37^{e}	0.94^{c}	0.82^{d}	0.69^{e}
N	AN	1.70^{f}	1.63^{c}	1.35^{e}	0.84^{f}	0.87^{c}	0.69^{e}
	PN	2.21^{a}	1.57^{d}	1.90^{a}	1.08^{a}	0.76^{e}	0.92^{a}

注：表中同列不同小写字母分别表示差异显著($P<0.05$)。

5.6 有机碳含量及其与团聚体稳定性的多元回归分析

由图 5-1 可以看出，不同耕作措施的秸秆还田处理 SOC 含量显著高于无秸秆还田处理，这在 0～10 cm 土层尤其明显，说明更多的 C 在土壤表层聚积，但随着土层的加深 SOC 含量逐渐降低，而常规耕作 0～30 cm 土层的

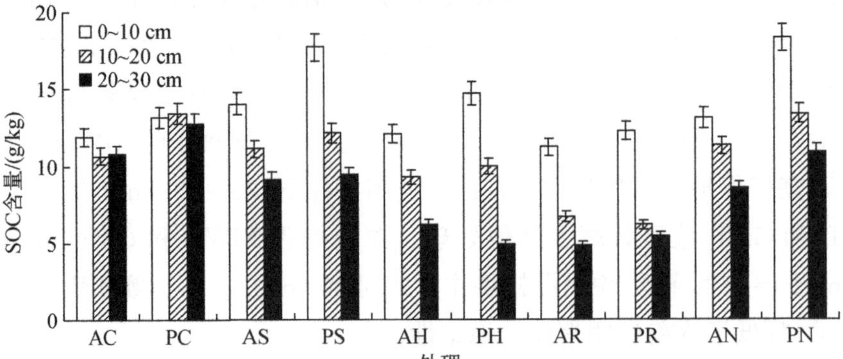

图 5-1 不同耕作措施和秸秆还田条件下 0～30 cm 土层的 SOC 含量

SOC 含量并无显著性差异。免耕和深松耕处理的 SOC 含量显著高于旋耕和耙耕处理。

SOC 作为土壤团聚过程中的胶结剂，其含量显著影响土壤团聚体的稳定性。如图 5-2 所示，在 0～10 cm 土层，较高的 SOC 含量提高了较大的团

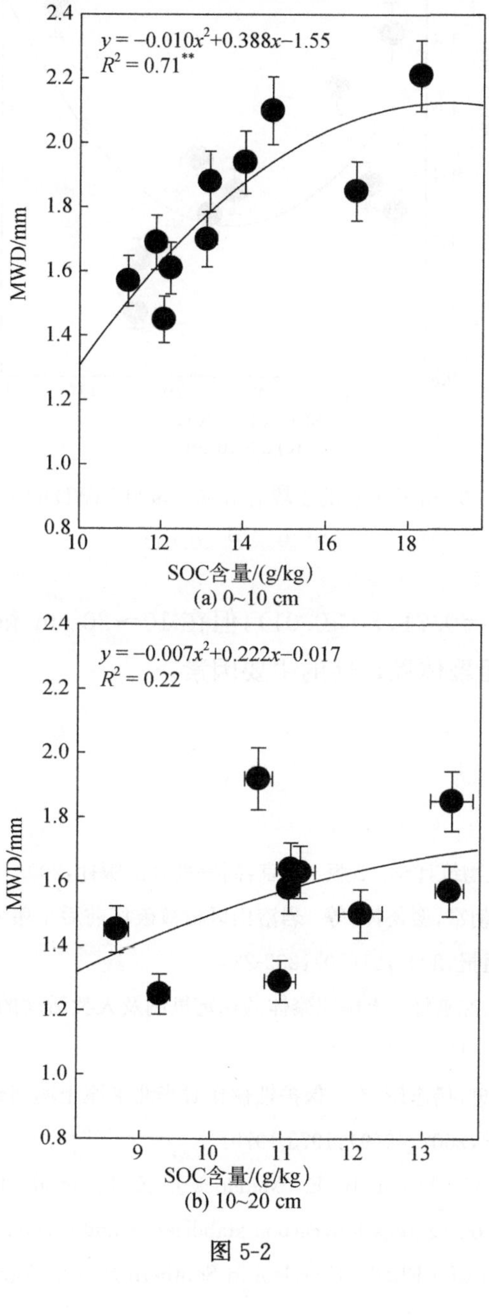

图 5-2

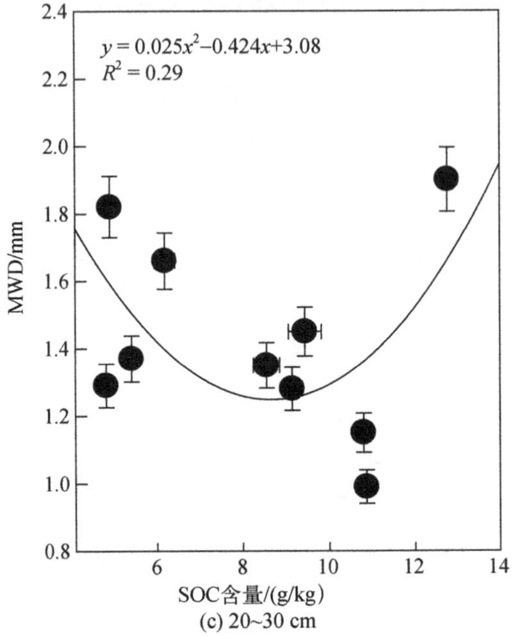

图 5-2　0～30 cm 各土层的土壤有机碳含量与 MWD 的多元回归分析

（** 表示 $P<0.01$）

聚体的稳定性（$R^2=0.71$，$P<0.01$），但在 10～20 cm 和 20～30 cm 土层，SOC 并不是影响团聚体稳定性的主要因素。

参考文献

杜荣骞. 生物统计学. 2 版. 北京：高等教育出版社，2003.

李阳兵，魏朝富，谢德体，等. 岩溶山区植被破坏前后土壤团聚体稳定性研究. 中国农学通报，2005，21(10)：232-234.

史奕，陈欣，沈善敏. 土壤团聚体的稳定机制及人类活动的影响. 应用生态学报，2002，13(11)：1491-1494.

周虎，吕贻忠，杨志臣，等. 保护性耕作对华北平原土壤团聚体特征的影响. 中国农业科学，2007，40(9)：1973-1979.

Barreto R. C.，Madari B. E.，Maddock J. E. L.，et al. The impact of soil management on aggregation，carbon stabilization and carbon loss as CO_2 in the surface layer of a Rhodic Ferralsol in Southern Brazil. Agriculture，Ecosystems &

Environment，2009，132(3-4)：243-251.

Cambardella C. A.，Elliott E. T.. Carbon and nitrogen dynamics of soil organic matter fractions from cultivated grassland soils. Soil Science Society of America Journal，1994，58(1)：123-130.

Nimmo J. R.，Perkins K. S.. 2.6 Aggregate stability and size distribution. Methods of Soil Analysis：Part 4-Physical Methods，2002，5：317-328.

Zhou H.，Lu Y. Z.，Yang Z. C.，et al. Effects of conservation tillage on soil aggregates in Huabei Plain，China. Scientia Agricultura Sinica，2007，40(9)：1973-1979.

第6章

轮耕对长期旋免耕农田土壤有机碳库的影响

6.1
研究方案

6.1.1 试验地概况

本试验在山东省泰安市进行，该试验地四季分明，年平均气温 13.8 ℃，年均降雨量 710 mm。供试土壤为壤土，其中含砂粒 40%、粉粒 44%、黏粒 16%，土层深厚。试验地 0～30 cm 土壤基础理化性状(2002 年)为：

① 土壤容重 1.35 g/cm^3；

② 有机碳 7.19 g/kg；

③ 全氮 1.30 g/kg；

④ 全钾 2.16 g/kg；

⑤ 全磷 8.09 g/kg；

⑥ pH 7.09。

6.1.2 试验设计

长期常规耕作(CT)、旋耕(RT)、免耕(NT)与秸秆还田试验处理同本书 2.1.2 部分。在此基础上，将原旋耕和免耕处理一分为二，一半处理(15 m×4 m)保持原耕作措施(RT 和 NT)不变，另一半处理(15 m×4 m)将耕作方式转变为深松(ST)，分别为旋耕-深松(RT-ST)和免耕-深松(NT-ST)，以对比深松对长期旋耕和免耕农田土壤有机碳库的影响。

各耕作方式均在每年小麦播种前(10 月上旬)应用，整个小麦-玉米轮作周期各处理的具体作业流程如下。

(1) 常规耕作(CT)

玉米机械收获→秸秆还田→施底肥→铧式犁翻耕→小麦机械播种→小麦机械收获→秸秆还田→玉米免耕播种机播种→玉米机械收获。

(2) 旋耕(RT)

玉米机械收获→秸秆还田→施底肥→旋耕机旋耕→小麦机械播种→小

麦机械收获→秸秆还田→玉米免耕播种机播种→玉米机械收获。

(3) 免耕(NT)

玉米机械收获→秸秆还田→施底肥→小麦免耕播种→小麦机械收获→秸秆还田→玉米免耕播种机播种→玉米机械收获。

(4) 旋耕-深松(RT-ST)

玉米机械收获→秸秆还田→施底肥→振动深松铲深松(耕深 30 cm)→旋耕机浅旋整地(耕深 10 cm)→小麦机械播种→小麦机械收获→秸秆还田→玉米免耕播种机播种→玉米机械收获。

(5) 免耕-深松(NT-ST)

玉米机械收获→秸秆还田→施底肥→振动深松铲深松(耕深 30 cm)→小麦机械播种→小麦机械收获→秸秆还田→玉米免耕播种机播种→玉米机械收获。

试验采用小麦(*Triticum aestivum* L.)-玉米(*Zea mays* L.)一年两熟种植模式,小麦在每年 10 月 10～15 日播种,并于第二年 6 月 8～15 日收获;玉米于 6 月 18～25 日播种,当年 10 月 8～12 日收获。各处理统一田间管理,小麦季基施纯 N 160 kg/hm^2,P_2O_5 150 kg/hm^2,K_2O 105 kg/hm^2,各处理在拔节期统一追施纯 N 80 kg/hm^2,浇拔节水 160 mm;玉米季基施纯 N 120 kg/hm^2,P_2O_5 120 kg/hm^2,K_2O 100 kg/hm^2,大喇叭口期追施纯 N 120 kg/hm^2。

6.1.3 样品采集与分析

(1) 土壤样品采集

用于测定土壤有机碳(SOC)含量的土壤样品采集于各试验年份土壤耕作前的玉米收获期。用土钻在各处理试验地随机 5 点取样,每点分别采集 0～10 cm、10～20 cm 和 20～30 cm 土层的土样。5 点样品按层次充分混匀后经风干、磨碎、过筛(2 mm),测定 SOC 含量(鲍士旦,2000)。

(2) 土壤碳储量和周年累积速率

根据已测定的各土层 SOC 含量、土壤容重分别计算各土层土壤有机碳储量,计算公式如下(Ding et al.,2012):

$$C_s = \sum_{j=1}^{n} (C_m \times \rho_b) \times D$$

式中 C_s——土壤碳储量，kg/m^2；

j——土壤层次间隔，$j = 1, 2, \cdots, n$；

C_m——土壤有机碳含量，g/kg；

ρ_b——试验期间土壤的平均容重，kg/m^3；

D——每个土层的厚度，m；

n——土壤层次。

各处理 0～30 cm 土层的土壤碳储量为各层次土壤碳储量之和，0～30 cm 土层的土壤固碳量为试验期间（2002～2014 年）各处理下一年有机碳储量与上一年有机碳储量差值的累加和，SOC 的周年累积速率为起止年限间的土壤固碳量除以起止年数（Mishra et al.，2010）。

(3) 有机碳平均年变化量和相对年变化量(Six et al.，2002)

1) 有机碳平均年变化量（mean annual variation，MAV）

试验期间不同耕作处理的有机碳平均年变化量按下式计算：

$$MAV = (SOC_t - SOC_0)/t$$

式中 MAV——平均年变化量，g/(kg·a)；

t——试验观测年限，由试验起始年与终止年的差值得到，a；

SOC_0，SOC_t——试验期限内起始年和终止年的 SOC 含量，g/kg。

2) 有机碳相对年变化量（relative annual variation，RAV）

利用相对年变化概念来分辨耕作处理的实际影响，需要扣除非处理下的有机碳变化效应，即试验观测期限内任一耕作处理（T）扣除对照（CK）后的平均净年变化量，其计算公式为：

$$RAV = [(SOC_t - SOC_0)_T - (SOC_t - SOC_0)_{CK}]/t$$

即

$$RAV = MAV_T - MAV_{CK}$$

式中 RAV——相对年变化量，g/(kg·a)；

$(SOC_t - SOC_0)_T$——任一耕作处理（T）的试验期限内起始年和终止年的 SOC 含量的差值，g/kg；

$(SOC_t - SOC_0)_{CK}$——对照（CK）处理的试验期限内起始年和终止年的 SOC 含量的差值，g/kg；

t——试验观测年限，由试验起始年与终止年的差值得到，a；

MAV_T——任一耕作处理(T)的平均年变化量,g/(kg·a);

MAV_{CK}——对照(CK)处理的平均年变化量,g/(kg·a)。

6.1.4 数据分析

长期RT、NT及CT处理的土壤0~30 cm土层的SOC含量周年变化、土壤固碳量及周年累积速率计算的起止年限为2002~2014年;长期深松定位试验中,RT、NT、RT-ST和NT-ST 4个处理的0~30 cm土层的SOC含量、土壤固碳量及周年累积速率计算的起止年限为2008~2014年。本章采用Excel 2007进行数据分析,采用Sigma Plot 10.0作图,采用SPSS 22.0进行差异显著性分析。

6.2 结果与分析

6.2.1 长期旋免耕对土壤有机碳含量的影响

长期旋耕(RT)、免耕(NT)及常规耕作(CT)处理0~30 cm土层的SOC含量周年变化如图6-1所示。RT处理0~10 cm、10~20 cm和20~30 cm土层在试验年份(2002~2014年)的SOC含量范围分别为8.1~13.6 g/kg、6.1~10.6 g/kg和5.3~8.0 g/kg[图6-1(a)],NT处理在这3个土层的SOC含量范围分别为9.5~17.1 g/kg、7.7~15.2 g/kg和5.3~11.7 g/kg[图6-1(b)],而CT处理分别为8.2~14.6 g/kg、7.3~14.0 g/kg和7.3~12.9 g/kg[图6-1(c)]。RT处理0~10 cm土层SOC含量除在2006年外均显著高于10~20 cm和20~30 cm土层;NT处理在2007年以前,3个土层的SOC含量差异并不显著,而2007~2014年则表现为0~10 cm>10~20 cm>20~30 cm;CT处理与RT和NT处理相比,在试验期间3个土层的SOC含量较为平均,除2007年、2009年和2014年外,3个土层的SOC含量差异均没有达到显著水平。NT处理0~10 cm土层的平均SOC含量分别比RT和CT处理高29.0%和23.0%,而NT和RT处理在20~30 cm土层的SOC含量分别比CT处理低37.7%和4.6%。

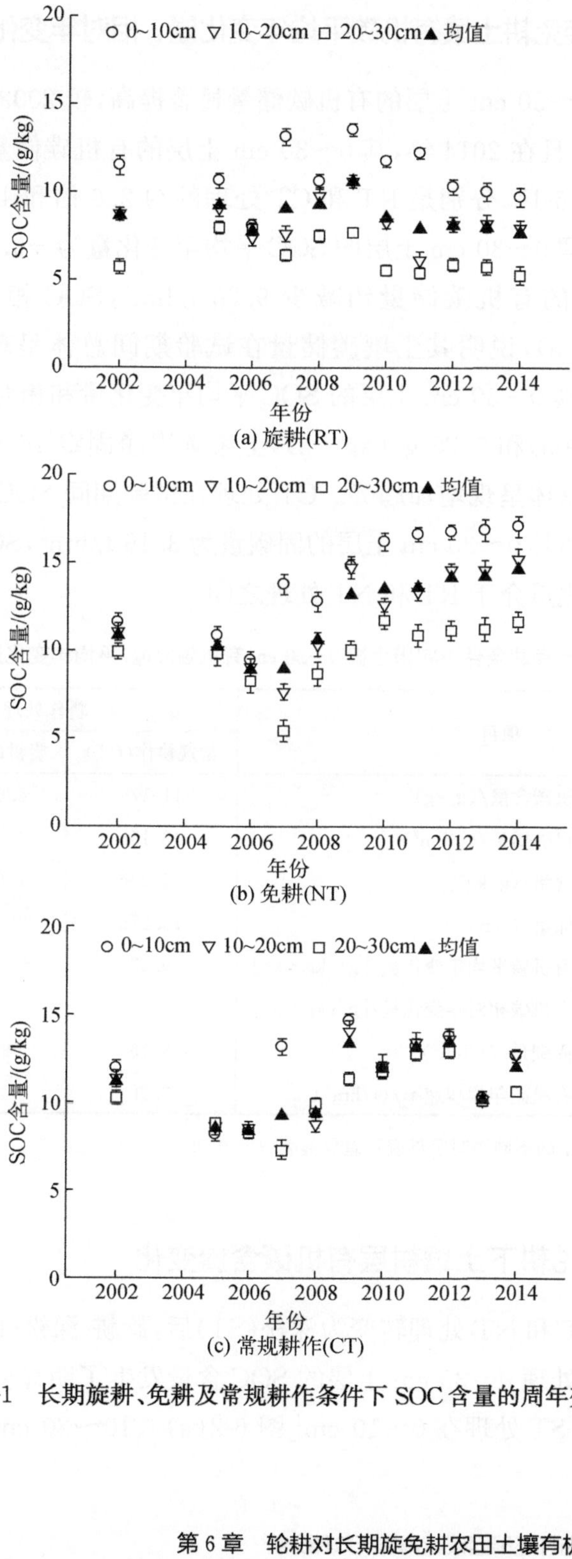

图 6-1 长期旋耕、免耕及常规耕作条件下 SOC 含量的周年变化

6.2.2 长期旋免耕土壤有机碳平均年变化量、相对年变化量及固碳量

NT处理0～30 cm土层的有机碳储量显著提高，较2002年试验开始时增加了38.3%，且在2014年，其0～30 cm土层的有机碳储量显著高于RT和CT处理（表6-1），分别是RT和CT处理的约2.6倍和1.3倍。2002～2014年RT处理0～30 cm土层的SOC平均年变化量为－0.08 g/(kg·a)，0～30 cm土层的有机碳储量约减少9.76 t/hm^2，SOC相对年变化量为－0.15 g/(kg·a)，说明其土壤碳储量在试验期间总体呈现降低趋势；而NT处理相反，其0～30 cm土层的SOC平均年变化量和相对年变化量分别为0.32 g/(kg·a)和0.25 g/(kg·a)，土壤碳库净固定16.69 t/hm^2，说明其土壤碳储量总体呈现增加趋势。CT处理在试验期间SOC储量只增加了4.9%，试验期间其0～30 cm土层的固碳量为3.16 t/hm^2，SOC平均年变化量和相对年变化量介于RT和NT处理之间。

表6-1 长期旋耕和免耕条件下农田土壤0～30 cm有机碳储量、平均年变化量和相对年变化量

项目	耕作处理方式		
	常规耕作(CT)	旋耕(RT)	免耕(NT)
2002年土壤初始有机碳含量/(g/kg)	11.17a	8.65c	10.85b
2002年土壤初始有机碳储量/(t/hm^2)	43.15a	32.53b	43.57a
2014年土壤有机碳含量/(g/kg)	12.00b	7.64c	14.64a
2014年土壤有机碳储量/(t/hm^2)	45.27b	22.77c	60.26a
2002～2014年土壤有机碳平均年变化量/[g/(kg·a)]	0.07	－0.08	0.32
2002～2014年土壤有机碳相对年变化量/[g/(kg·a)]	—	－0.15	0.25
2002～2014年土壤固碳量/(t/hm^2)	3.16	－9.76	16.69
2002～2014年土壤有机碳年累积速率/(t/hm^2)	0.26	－0.75	1.28

注：表中相同行中的不同小写字母表示差异显著（$P<0.05$）。

6.2.3 优化轮耕下土壤耕层有机碳含量变化

将长期RT和NT处理转变为深松(ST)后，旋耕-深松(RT-ST)和免耕-深松(NT-ST)处理0～30 cm土层的SOC含量发生了明显变化（图6-2），除2009年外，RT-ST处理在0～10 cm[图6-2(a)]、10～20 cm[图6-2(b)]和

20～30 cm[图 6-2(c)]土层的 SOC 含量在各试验年份均显著高于 RT 处理，3 个土层的平均 SOC 含量分别比 RT 处理高 32.0%、41.1%和 66.5%。NT-ST 处理表层土壤(0～10 cm)SOC 含量与 NT 处理相比变化趋势并不

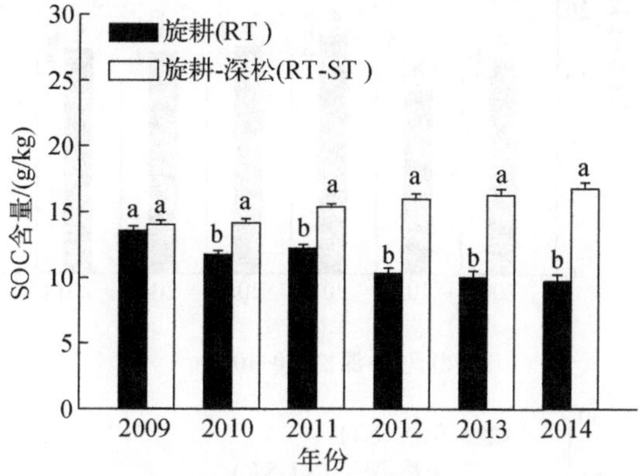

(a) 旋耕-深松：0~10 cm

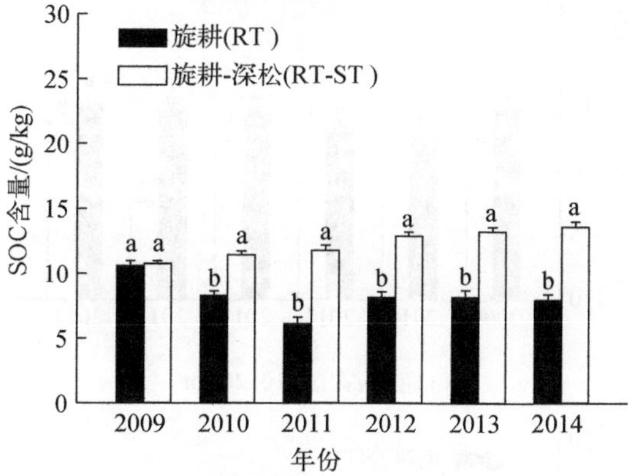

(b) 旋耕-深松：10~20 cm

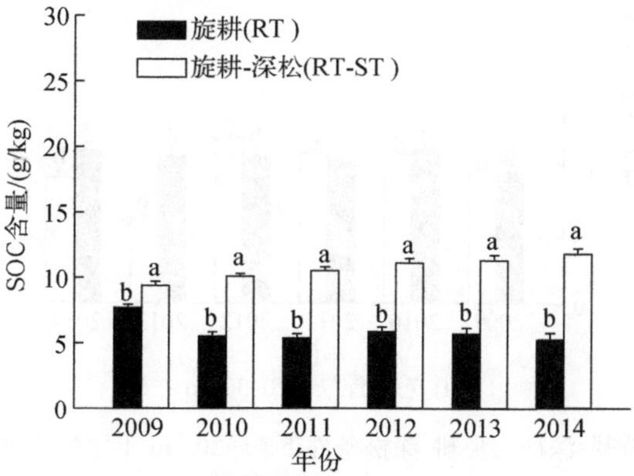

(c) 旋耕-深松：20~30 cm

图 6-2

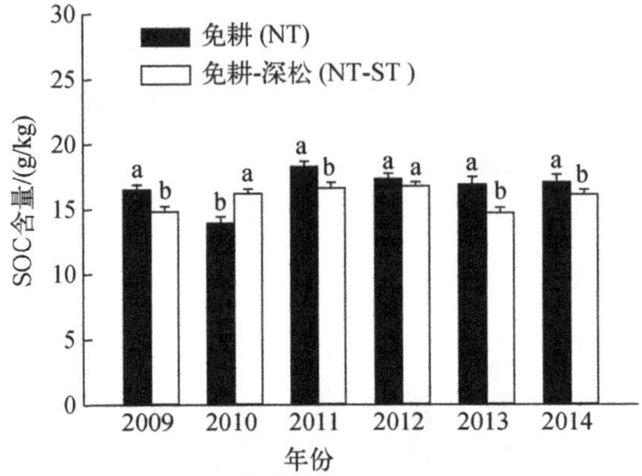

(d) 免耕-深松：0~10 cm

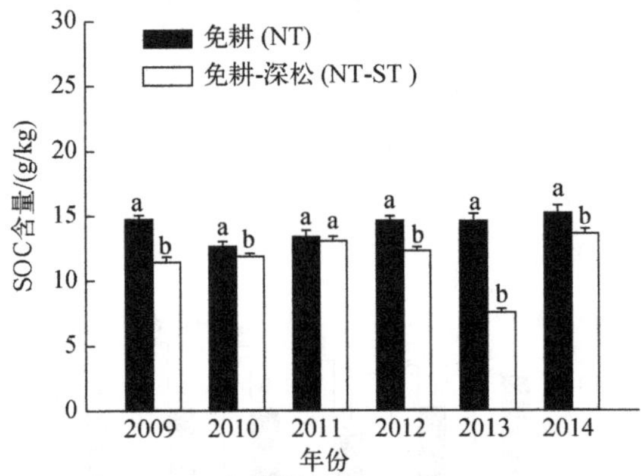

(e) 免耕-深松：10~20 cm

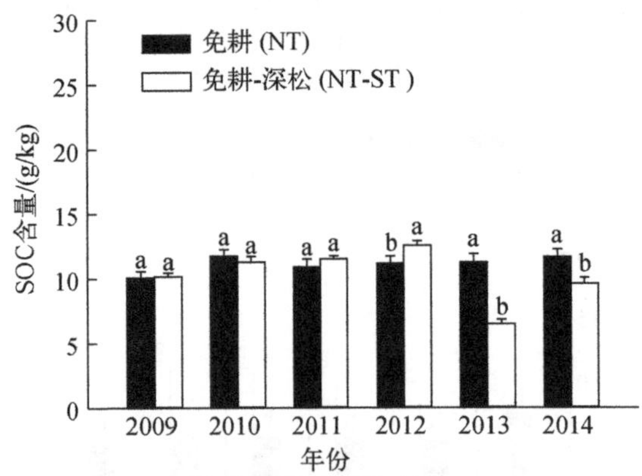

(f) 免耕-深松：20~30 cm

图 6-2　旋耕-深松与免耕-深松条件下 0～30 cm 土层的土壤含量变化

（图中同一年份不同处理间的不同小写字母表示差异显著）

明显[图 6-2(d)]，而在 10～20 cm 土层，除 2011 年外，NT-ST 处理的 SOC 含量均显著低于 NT 处理[图 6-2(e)]，而在 20～30 cm 土层，两处理的 SOC 含量在深松试验前 3 年并无显著性差异，但在 2013 年和 2014 年，NT-ST 处理的 SOC 含量显著低于 NT 处理[图 6-2(f)]。

6.2.4 优化耕作下土壤有机碳库储量变化

由表 6-2 可知，试验期间(2008～2014 年)RT 处理的 SOC 平均年变化量由−0.50 g/(kg·a)变为 RT-ST 处理的 0.44 g/(kg·a)，两个处理的 0～30 cm 土层的有机碳储量发生了明显变化，RT-ST 处理有机碳储量增加了 88.3%，而 RT 处理则降低了 18.4%，RT-ST 处理 0～30 cm 土层固碳量为 17.42 t/hm^2，而 RT 处理为−6.84 t/hm^2。NT 与 NT-ST 处理相比，虽然两个处理的 SOC 平均年变化量相近，但 NT-ST 处理 0～30 cm 土层的平均 SOC 含量要显著低于 NT 处理。试验期间，NT-ST 处理 0～30 cm 土层的固碳量比 NT 处理降低了 41.7%，且 SOC 的年累积速率从 NT 处理的 2.73 t/hm^2 下降到 1.59 t/hm^2。

表 6-2 旋耕-深松与免耕-深松条件下 0～30 cm 土层有机碳储量及年累积速率(2008～2014 年)

项目	旋耕(RT)	旋耕-深松(RT-ST)	免耕(NT)	免耕-深松(NT-ST)
2008 年土壤初始有机碳含量/(g/kg)	9.31	9.31	10.61	10.61
2008 年土壤初始有机碳储量/(t/hm^2)	27.92	27.92	31.84	31.84
2014 年土壤有机碳含量/(g/kg)	7.64b	14.04a	14.64a	13.09b
2014 年土壤有机碳储量/(t/hm^2)	22.77b	52.57b	60.26a	51.41b
2002～2014 年土壤有机碳平均年变化量/[g/(kg·a)]	−0.50	0.44	0.15	0.16
2002～2014 年土壤有机碳相对年变化量/[g/(kg·a)]	—	0.94	—	0.01
2008～2014 年土壤总固碳量/(t/hm^2)	−6.84b	17.42a	16.35a	9.53b
2008～2014 年土壤有机碳年累积速率/(t/hm^2)	−1.14	2.90	2.73	1.59

注：表中相同行中的不同小写字母表示差异显著($P<0.05$)。

参考文献

鲍士旦. 土壤农化分析. 3 版. 北京:中国农业出版社,2000.

Ding X. L. ,Han X. Z. ,Liang Y. , et al. Changes in soil organic carbon pools after 10 years of continuous manuring combined with chemical fertilizer in a Mollisol in China. Soil Till. Res. ,2012,122:36-41.

Mishra U. ,Ussiri D. A. N. ,Lal R. . Tillage effects on soil organic carbon storage and dynamics in Corn Belt of Ohio USA. Soil Till. Res. ,2010,107(2):88-96.

Six J. ,Feller C. ,Denef K. , et al. Soil organic matter, biota and aggregation in temperate and tropical soils-effects of no-tillage. Agronomie,2002,22:755-775.

第7章

轮耕和秸秆还田对华北平原农田土壤团聚体碳库的影响

7.1
研究方案

试验地概况及试验设计同本书 6.1.1 及 6.1.2 部分。

7.1.1 土壤团聚体样品采集

用直径为 10 cm 的环刀,"S"形 3 点采集 0～10 cm、10～20 cm、20～30 cm 和 30～50 cm 4 个土层的原状耕层土壤。带回实验室后,将原状土沿土壤的自然结构剥成小土块,剔去粗根和小石块,让其自然风干。

7.1.2 土壤团聚体分级

土壤团聚体分级采用改进的湿筛法(Cambardella et al.,1994)。湿筛分析在土壤团聚体分析仪上进行。套筛孔径依次为 5 mm、2 mm、1 mm 和 0.25 mm。各处理取 50 g 土样倒入套筛,浸润 10 min 之后启动团聚体分析仪,以 20 次/min 的筛动频率上下筛动 10 min。筛好后,将各级套筛上的土样全部转移到铝盒中,待澄清后倒去上清液,于烘箱中 55 ℃风干,在空气中平衡 2 h 后称质量,各处理重复 3 次。土壤有机碳含量及不同粒级团聚体碳含量采用总有机碳(TOC)分析仪进行测定。

7.1.3 计算方法

不同粒级团聚体的质量分数按下式计算(周虎等,2007):

$$w_i = \frac{m_i}{50} \times 100\%$$

式中 w_i——粒级 i 团聚体的质量分数,%;

m_i——粒级 i 团聚体的风干质量,g。

土壤团聚体稳定性参数——平均重量直径(MWD)按下式计算:

$$\mathrm{MWD} = \frac{\sum_{i=1}^{n}(x_i w_i)}{\sum_{i=1}^{n} w_i}$$

式中　MWD——平均重量直径；

w_i——粒级 i 团聚体的质量分数，%；

x_i——粒级 i 团聚体平均直径，mm。

团聚体碳库对土壤有机碳库的贡献率(A_{SOC})按下式计算(戴钰等，2010)：

$$A_{SOC} = SOC_i \times w_i / SOC$$

式中　SOC_i——粒级 i 团聚体的 SOC 含量，g/kg；

w_i——粒级 i 团聚体的质量分数，%；

SOC——土壤有机碳含量，g/kg。

7.1.4　数据分析

试验中，对各处理团聚体分布及关联碳库特征差异进行多因素方差分析时，计算耕作因素、秸秆因素及其交互效应对团聚体分布及关联碳库的作用力，即各因素及其交互作用引起的变异在总变异中所占的比例，用其所产生的平方和占总平方和的百分比表示(杜荣骞，2003)。本章采用 Excel 2010 进行数据分析，采用 Sigma Plot 10.0 作图，采用 SPSS 17.0 进行差异显著性分析。

7.2 结果与分析

7.2.1　轮耕和秸秆还田下团聚体分布变化

由表 7-1 可以看出，转变耕作方式和秸秆还田对 0～50 cm 土层的土壤团聚体分布产生显著影响。在 0～10 cm 土层，团聚体以 2～5 mm 粒级为主，但对于不同粒级，各处理间表现出明显差异。例如，转变耕作方式处理 RTS-STS 以 2～5 mm 粒级为主，其比例显著高于 RTS 处理，但后者各粒级间的比例较为平均，其中 1～2 mm、0.25～1 mm 和<0.25 mm 粒级比例显著高于 RTS-STS 处理。通过计算土壤团聚体稳定指数——平均重量直径(MWD)可以看出，在 0～10 cm 土层，RTS-STS 处理的团聚体稳定性显著高于 RTA-STA、RTS 和 RTA 处理，分别比 3 个处理高 6.1%、65.4%和

87.8%，说明转变耕作方式提高了土壤团聚体的稳定性。在 10～20 cm 土层，各处理团聚体以 2～5 mm 和 0.25～1 mm 粒级为主，且分布规律不明显。例如 RTS-STS 处理主要集中在 2～5 mm 粒级，RTS 处理约 83%的团聚体分布在 0.25～5 mm 之间，而 RTA 处理 0.25～1 mm 和<0.25 mm 粒级的比例分别达到 35.91%和 27.59%，且平均重量直径以 RTS-STS 处理最高，达到 2.42 mm。各处理 20～30 cm 土层土壤团聚体分布状况与 10～20 cm 土层类似。但在 30～50 cm 土层，各处理 2～5 mm 粒级的团聚体比例呈降低趋势，而 1～2 mm、0.25～1 mm 和<0.25 mm 粒级比例基本表现为不同程度的升高。例如 RTS-STS 处理<0.25 mm 粒级的团聚体比例较 0～30 cm 土层显著升高，显著高于其他处理，且其团聚体稳定性显著降低，只有 1.05 mm，说明旋耕转变为旋耕-深松后，较小粒级的团聚体比例显著提高，稳定性降低；相反，该土层 RTS 处理的团聚体稳定性显著高于其他 3 个处理。

表 7-1 转变耕作方式和秸秆还田后土壤不同粒级团聚体分布及稳定性变化

土层深度/cm	处理	不同粒级团聚体比例 /%				平均重量直径/mm
		大团聚体			微团聚体	
		2～5 mm	1～2 mm	0.25～1 mm	<0.25 mm	
0～10	RTA	31.15c	14.20c	29.76a	24.89b	1.48d
	RTA-STA	57.06a	14.18c	14.47c	14.28c	2.62b
	RTS	24.59d	19.87a	29.13a	26.41a	1.68c
	RTS-STS	55.94b	16.45b	16.07b	11.53d	2.78a
10～20	RTA	25.03d	11.46c	35.91a	27.59a	1.51d
	RTA-STA	35.48c	10.72d	30.38b	23.42a	2.00b
	RTS	38.60b	20.90a	23.46c	17.04c	1.90c
	RTS-STS	50.75a	15.93b	18.21d	15.11d	2.42a
20～30	RTA	32.31d	9.73d	34.99a	22.97a	1.82d
	RTA-STA	37.78c	29.40a	20.81c	12.01c	1.94c
	RTS	41.48b	21.89b	21.91b	14.72b	2.03b
	RTS-STS	66.24a	12.47c	10.07d	11.22d	2.75a
30～50	RTA	31.92a	11.41d	32.27b	24.39b	1.31c
	RTA-STA	26.37b	31.41a	25.59d	16.63d	1.56b
	RTS	17.98c	29.37b	35.44a	17.21c	1.78a
	RTS-STS	13.05d	25.07c	29.70c	32.19a	1.05d

注：表中同一土层中同列不同小写字母表示差异显著（$P<0.05$）；RTA、RTA-STA、RTS、RTS-STS 分别表示旋耕无秸秆还田、旋耕-深松无秸秆还田、旋耕秸秆还田、旋耕-深松秸秆还田；下同。

7.2.2 轮耕和秸秆还田下团聚体碳库变化

耕作方式的变化和秸秆还田显著影响土壤团聚体碳含量变化(表 7-2)。除 0～10 cm 土层 RTS 2～5 mm 和 0.25～1 mm 粒级、10～20 cm 土层 RTS-STS＜0.25 mm 粒级以及 20～30 mm 土层 RTS 和 RTS-STS＜0.25 mm 粒级外，秸秆还田处理 RTS-STS 和 RTS 在 4 个土层的有机碳含量和各粒级团聚体碳含量均显著高于其无秸秆还田处理，说明秸秆还田有利于提高土壤团聚体碳含量。但各处理的有机碳含量、不同粒级间的团聚体碳含量和贡献率表现趋势不一。在 0～10 cm 土层，RTS-STS 处理各粒级的团聚体碳含量均显著高于其他 3 个处理，这与其土壤有机碳含量趋势一致。通过计算团聚体碳库对有机碳库的贡献率可以看出，RTS-STS 处理的贡献率达到 87.89%，较 RTS、RTA-STA 和 RTA 处理分别高 4.9%、10.3%和 18.6%，说明转变耕作方式促进了团聚体碳库对有机碳库贡献，显著提高了其在土壤有机碳库中的比例。10～20 cm 土层，RTS-STS 处理 0.25～5 mm 粒级团聚体碳含量、有机碳含量和贡献率显著高于其他 3 个处理。而 20～30 cm 土层，RTS 处理土壤有机碳含量和贡献率显著高于其他 3 个处理，而 RTS-STS 处理 0.25～1 mm 和 1～2 mm 粒级的团聚体碳含量较高，但其团聚体碳对有机碳的贡献率显著降低，分别比 0～10 cm 和 10～20 cm 土层降低 29.9%和 25.8%，说明旋耕-深松对下层土壤团聚体碳库产生显著影响。在 30～50 cm 土层，虽然 RTS-STS 处理的有机碳含量和 0.25～5 mm 粒级团聚体碳含量最高，但其团聚体碳对有机碳的贡献率只有 76.05%，比贡献最高的 RTS 处理低 7.7%。

表 7-2 转变耕作方式和秸秆还田后土壤不同粒级团聚体碳含量及贡献率变化

土层深度/cm	处理	有机碳含量/(g/kg)	不同粒级团聚体碳含量/(g/kg)				团聚体碳库对有机碳库的贡献率(A_{SOC})/%
			大团聚体			微团聚体	
			2～5 mm	1～2 mm	0.25～1 mm	＜0.25 mm	
0～10	RTA	11.96c	13.19b	12.50c	12.45b	10.91c	74.09d、
	RTA-STA	11.22d	12.17c	11.39d	10.42c	10.55d	79.70c
	RTS	12.69b	13.09b	14.00b	12.38b	11.62b	83.81b
	RTS-STS	14.84a	14.69a	15.66a	14.05a	12.23a	87.89a

续表

土层深度/cm	处理	有机碳含量/(g/kg)	不同粒级团聚体碳含量/(g/kg)				团聚体碳库对有机碳库的贡献率(A_{SOC})/%
			大团聚体			微团聚体	
			2～5 mm	1～2 mm	0.25～1 mm	<0.25 mm	
10～20	RTA	10.74d	11.66c	10.46d	10.13d	9.21c	75.52b
	RTA-STA	11.57c	11.53c	10.92c	10.93c	11.72a	59.37d
	RTS	12.16b	12.03b	12.71b	11.20b	11.66a	66.66c
	RTS-STS	14.59a	14.62a	12.64a	12.44a	10.55b	83.00a
20～30	RTA	8.07c	8.28c	8.84b	7.20c	7.09c	77.88b
	RTA-STA	7.48d	7.58d	8.69b	8.40b	8.06a	64.23c
	RTS	9.33a	9.29a	9.50a	8.44b	6.17d	81.25a
	RTS-STS	8.91b	8.52b	9.67a	8.79a	7.58b	61.57d
30～50	RTA	6.64d	5.19d	5.99c	6.41d	7.22b	72.53c
	RTA-STA	7.44c	6.39b	6.36b	7.30b	7.19b	73.56c
	RTS	8.14b	6.07c	7.44a	8.43b	8.43a	82.35a
	RTS-STS	8.61a	6.98a	7.62a	9.03a	8.29a	76.05b

7.2.3 轮耕和秸秆还田对团聚体分布及关联碳库的作用力分析

通过耕作方式变化、秸秆还田和两者的交互作用对土壤团聚体分布及其碳含量的作用力分析可知(表 7-3):在 0～10 cm 土层,耕作、秸秆还田和两者的交互作用对土壤团聚体分布的影响均达到了极显著水平($P<0.01$),但耕作因素的影响占到 83.0%～98.1%,说明耕作是影响土壤表层团聚体分布的决定因子;在 10～20 cm 土层,耕作因素对土壤团聚体分布的影响虽然也达到了极显著水平($P<0.01$),但其作用力较 0～10 cm 土层显著降低,而秸秆因素对土壤团聚体分布的作用力达到 60.7%～87.6%,说明秸秆因素对 10～20 cm 土层的团聚体分布的影响较 0～10 cm 土层显著升高,且高于耕作因素在该土层的作用力;在 20～30 cm 土层,耕作、秸秆及两者的交互作用均极显著影响不同粒级团聚体的分布($P<0.01$);在 30～50 cm 土层,耕作因素对团聚体分布的作用力显著高于 20～30 cm 土层。

表 7-3　耕作方式和秸秆还田对土壤不同粒级团聚体分布及其碳含量的作用力分析

土层深度/cm	变异来源	对不同粒级土壤团聚体分布的作用力/%				对不同粒级土壤团聚体碳含量的作用力/%			
		2～5 mm	1～2 mm	0.25～1 mm	<0.25 mm	2～5 mm	1～2 mm	0.25～1 mm	<0.25 mm
0～10	耕作(T)	96.36**	82.98**	98.12**	96.04**	8.91	0.65	0.43	3.41
	秸秆(S)	1.74**	9.35**	0.12**	0.22**	55.36**	72.32**	43.43**	68.68**
	耕作×秸秆(T×S)	0.87**	2.68**	0.61**	2.69**	28.68**	16.69*	46.91**	23.10**
10～20	耕作(T)	37.27**	12.14**	15.79**	9.20**	24.68*	24.99	29.11*	20.98*
	秸秆(S)	60.66**	79.73**	82.40**	87.64**	0.17	0.91	0.21	0.97
	耕作×秸秆(T×S)	0.21*	6.65**	0.01	1.24**	67.73**	61.47**	63.43**	73.66**
20～30	耕作(T)	33.37**	10.72**	53.77**	59.60**	69.98*	52.05	52.70	41.56
	秸秆(S)	51.71**	2.32**	45.04**	23.30**	21.24*	23.32*	23.55*	34.67
	耕作×秸秆(T×S)	13.59**	86.26**	0.43**	15.87**	1.97	0.99	3.01	8.53
30～50	耕作(T)	82.74**	78.35**	68.76**	78.03**	48.81**	55.92**	39.49*	39.06**
	秸秆(S)	16.12**	8.34**	23.55**	10.80**	34.67**	24.97**	44.32**	49.63**
	耕作×秸秆(T×S)	0.04	12.28**	0.39**	9.73**	8.53	14.32*	14.37**	9.56**

注：* 表示 $P<0.05$；** 表示 $P<0.01$。下同。

土壤团聚体碳含量在0～10 cm土层主要受秸秆因素及耕作和秸秆的交互作用影响($P<0.01$)，耕作因素作用力并没有达到显著水平，说明耕作方式变化并没有引起土壤表层(0～10 cm)团聚体碳含量发生明显变化，其含量差异主要来自秸秆因素及两者的交互作用；而在10～20 cm土层的结果相反，秸秆因素作用力并没有达到显著水平，团聚体碳含量主要受耕作及耕作和秸秆的交互作用影响，说明耕作或秸秆还田的单一因素在不同土层表现出了显著差异，但两因素的交互作用是0～20 cm土层影响土壤团聚体碳含量的主要因子；20～30 cm土层趋势与30～50 cm土层类似，耕作、秸秆及两者的交互作用力均是各处理土壤团聚体碳含量差异的主要原因。

7.2.4 土壤有机碳含量与团聚体平均重量直径(MWD)、团聚体碳库的相互关系

由表7-4可知，土壤有机碳含量与团聚体平均重量直径(MWD，$R=0.75$，$P<0.01$)、大团聚体碳含量($R=0.84$，$P<0.01$)和微团聚体碳含量($R=0.74$，$P<0.01$)之间均存在极显著的正相关关系；而土壤团聚体MWD与大团聚体碳含量($R=0.65$，$P<0.05$)显著相关，与微团聚体碳含量($R=0.81$，$P<0.01$)极显著相关；大团聚体碳含量和微团聚体碳含量也表现出极显著的正相关关系($R=0.95$，$P<0.01$)。

表7-4 土壤有机碳含量、MWD、大团聚体碳含量、微团聚体碳含量之间的相关性

项目	土壤有机碳含量	平均重量直径(MWD)	大团聚体碳含量	微团聚体碳含量
土壤有机碳含量	1			
平均重量直径(MWD)	0.75**	1		
大团聚体碳含量	0.84**	0.65*	1	
微团聚体碳含量	0.74**	0.81**	0.95**	1

参考文献

戴珏，胡君利，林先贵，等. 免耕对潮土不同粒级团聚体有机碳含量及微生物碳代谢活性的影响. 土壤学报，2010，47(5)：923-930.

杜荣骞. 生物统计学. 2版. 北京：高等教育出版社，2003.

周虎，吕贻忠，杨志臣，等. 保护性耕作对华北平原土壤团聚体特征的影响. 中国

农业科学,2007,40(9):1973-1979.

Cambardella C. A. ,Elliott E. T.. Carbon and nitrogen dynamics of soil organic matter fractions from cultivated grassland soils. Soil Science Society of America Journal,1994,58(1):123-130.

第8章

轮耕和秸秆还田对土壤有机碳活性组分的影响

8.1 研究方案

试验地概况及试验设计同本书 6.1.1 及 6.1.2 部分。

8.1.1 样品采集与分析

于玉米收获期按 0～10 cm、10～20 cm 和 20～30 cm 土层分别采集新鲜土壤样品并按层次充分混匀，用冰盒带回实验室。一部分土样风干后挑出碎石、植物根系残渣并过 2 mm 筛，用以测定土壤有机碳（SOC）、颗粒有机碳（POC）、氧化有机碳（ROC）含量；另一部分过 2 mm 筛后冷藏，用以测定微生物量碳（MBC）、可溶性有机碳（DOC）含量。SOC 含量测定采用重铬酸钾氧化法（鲍士旦，2000），POC 含量测定采用六偏磷酸钠分离法（Cambardella et al.，1992）；ROC 含量测定采用高锰酸钾氧化法（Blair et al.，1995）；DOC 含量测定采用去离子水浸提法（Ghani et al.，2003）；MBC 含量测定采用氯仿熏蒸法（鲁如坤，2000）。本章中的 SOC 和活性有机碳（LOC）含量分别以 2014 年和 2015 年两年的 SOC 和 ROC 平均含量计算。

8.1.2 数据分析

本章对不同土壤有机碳活性组分差异来源进行作用力分析，计算耕作方式转变、秸秆还田及其交互效应等引起的变异在总变异中所占的比例，作用力由其所产生的平方和占总平方和的百分比表示。本章采用 SPSS 17.0 进行数据分析，采用 Duncan 新复极差法进行多重比较，采用 Sigma Plot 10.0 作图。

8.2 结果与分析

8.2.1 土壤有机碳分布的变化

由图 8-1 可知，在无秸秆还田条件下，RT-DT 处理的 SOC 含量在 0～

10 cm 和 20～30 cm 土层分别比 RT 处理降低了 6.2%和 7.3%，而在 10～20 cm 土层则提高了 7.7%。而在秸秆还田条件下，与 RTS 相比，RTS-DTS 处理显著提高了 0～10 cm 和 10～20 cm 土层的 SOC 含量，分别提高了 16.9%和 20.0%，但在 20～30 cm 土层，RTS 处理和 RTS-DTS 处理的 SOC 含量无显著性差异。RTS 处理和 RTS-DTS 处理显著提高了 SOC 含量，在 3 个土层分别比 RT 和 RT-DT 处理高 6.1%～15.6%和 19.1%～32.3%。

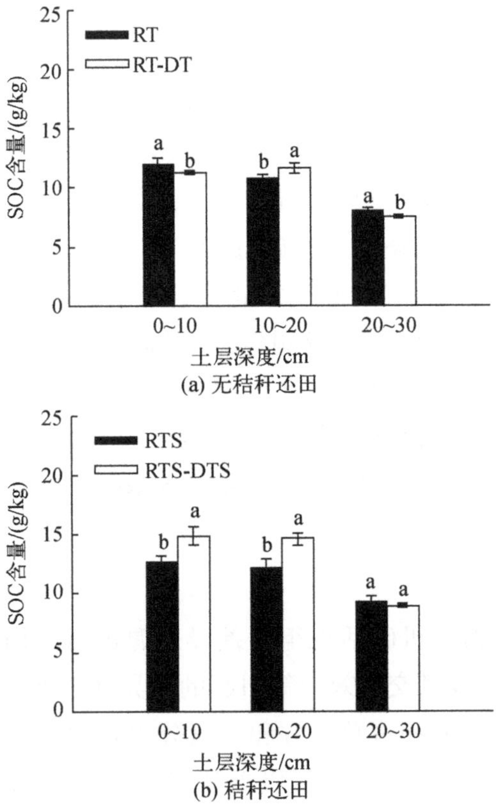

(a) 无秸秆还田

(b) 秸秆还田

图 8-1　深松和秸秆还田对 SOC 含量的影响

［图中同一土层不同处理间的不同小写字母表示差异显著（$P<0.05$），下同］

RT—旋耕无秸秆还田处理；RT-DT—旋耕-深松无秸秆还田处理；

RTS—旋耕秸秆还田处理；RTS-DTS—旋耕-深松秸秆还田处理

8.2.2　土壤颗粒有机碳变化

由图 8-2 可知，将长期旋耕农田转变为深松和秸秆还田都显著提高了

POC 含量。秸秆还田条件下，RTS-DTS 处理的 0～30 cm 土层 POC 含量显著高于 RTS 处理，在 0～10 cm、10～20 cm、20～30 cm 土层其 POC 含量分别比 RTS 处理高 53.8%、30.7%、13.6%。RTS-DTS 和 RTS 处理显著提高了各土层的 POC 含量，如 RTS-DTS 处理的 0～30 cm 土层 POC 含量分别比 RT-DT 处理高 36.8%、24.5%、34.0%。各处理中土壤表层(0～10 cm)的 POC 含量显著高于 10～20 cm 和 20～30 cm 土层。

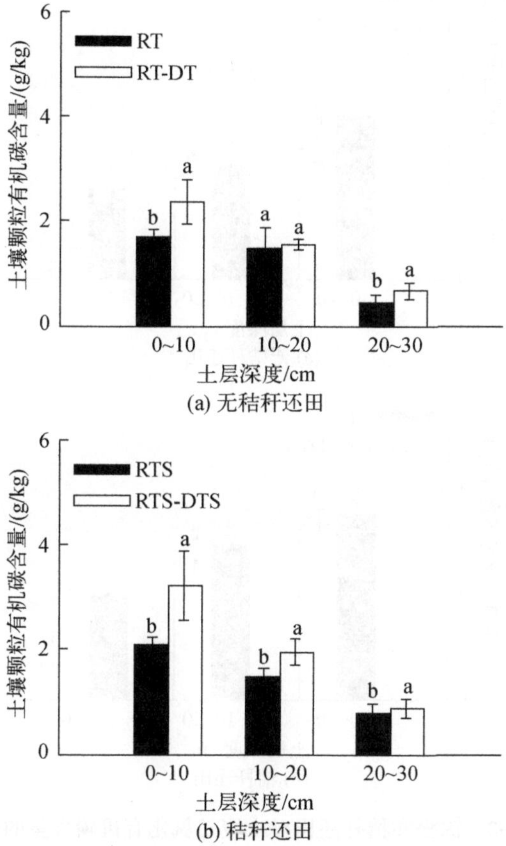

图 8-2　深松和秸秆还田对土壤颗粒有机碳含量的影响

8.2.3　土壤易氧化有机碳变化

由图 8-3 可知，旋耕转变为深松后，RT-DT 和 RTS-DTS 处理的土壤 ROC 含量较 RT 和 RTS 处理都呈下降趋势。无秸秆还田条件下，RT-DT

处理 0～10 cm、10～20 cm 和 20～30 cm 土层的 ROC 含量较 RT 处理分别降低了 19.9%、13.0%和 67.9%；而秸秆还田条件下，相比于 RTS 处理，RTS-DTS 处理 3 个土层的 ROC 含量分别下降了 6.6%、10.0%和 4.6%。与 RT 和 RT-DT 处理相比，RTS 和 RTS-DTS 显著提高了 3 个土层的 ROC 含量。随着土层的加深，各处理土壤 ROC 含量呈下降趋势。

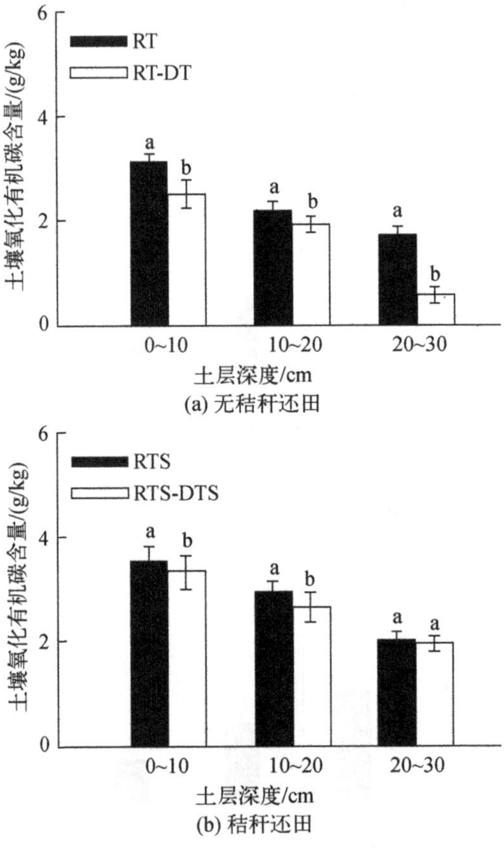

图 8-3　深松和秸秆还田对土壤易氧化有机碳含量的影响

8.2.4　土壤微生物量碳变化

与 RT 和 RTS 处理相比，RT-DT 和 RTS-DTS 显著降低了 0～10 cm 和 10～20 cm 土层的 MBC 含量(图 8-4)。在秸秆还田条件下，RTS-DTS 处理 0～10 cm、10～20 cm 和 20～30 cm 土层的 MBC 含量分别比 RTS 处理降低 23.9%、30.6%、23.8%。

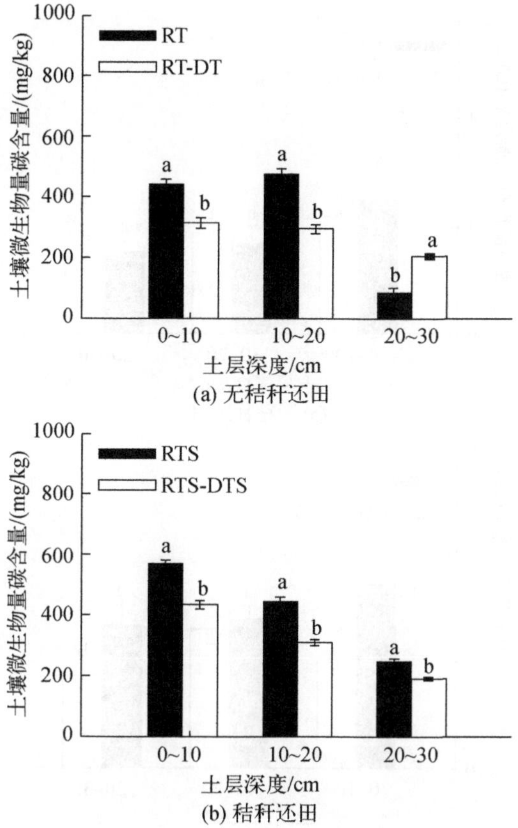

图 8-4 深松和秸秆还田对土壤微生物量碳含量的影响

8.2.5 土壤可溶性有机碳变化

由图 8-5 可知，RT 和 RTS 处理转变为 RT-DT 和 RTS-DTS 处理后，土壤 DOC 含量发生了显著变化。除 10～20 cm 土层外，RT-DT 和 RTS-DTS 处理的土壤 DOC 含量较 RT 和 RTS 处理显著降低。无秸秆还田条件下，RT-DT 处理 0～10 cm 和 20～30 cm 土层的 DOC 含量比 RT 处理分别降低了 13.4% 和 10.1%。在秸秆还田条件下，当 RTS 转变为 RTS-DTS 处理后，其 3 个土层的 DOC 含量下降了 8%～41%。相比于 RT 和 RT-DT 处理，RTS 和 RTS-DTS 处理的 DOC 含量显著提高。

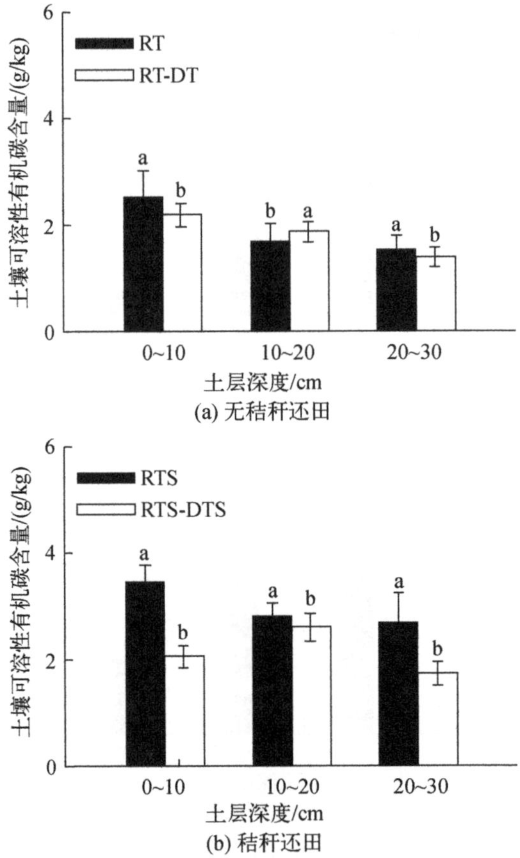

图 8-5　深松和秸秆还田对土壤可溶性有机碳含量的影响

8.2.6　土壤有机碳中活性组分含量及其比例

通过对比 RT 和 RTS 处理转变为 RT-DT 和 RTS-DTS 处理前后的 LOC 含量及其在 SOC 中比例的变化可以看出(图 8-6)，各土层中 RT-DT 和 RTS-DTS 处理的 SOC 含量显著高于 RT 和 RTS 处理，但各处理 SOC 中的 LOC 含量有明显差异。RTS 和 RTS-DTS 的 LOC 含量要显著高于 RT 和 RT-DT。从 SOC 中的活性组分比例变化能更清楚地看出，相比于 RT 和 RTS 处理，RT-DT 和 RTS-DTS 处理 0～30 cm 各土层的 LOC/SOC 值显著下降。

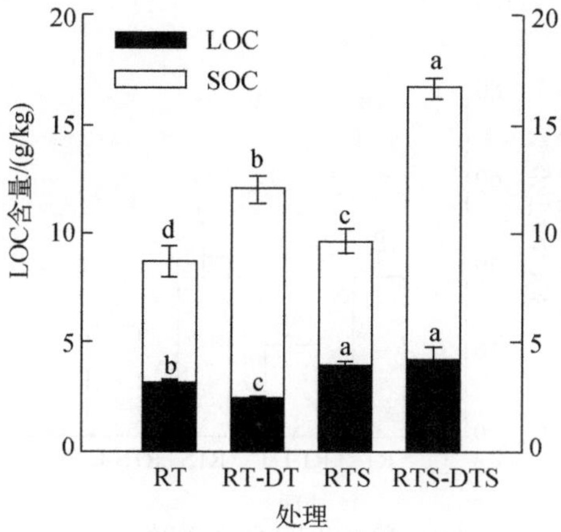

(a) 0~10 cm土层LOC、SOC含量

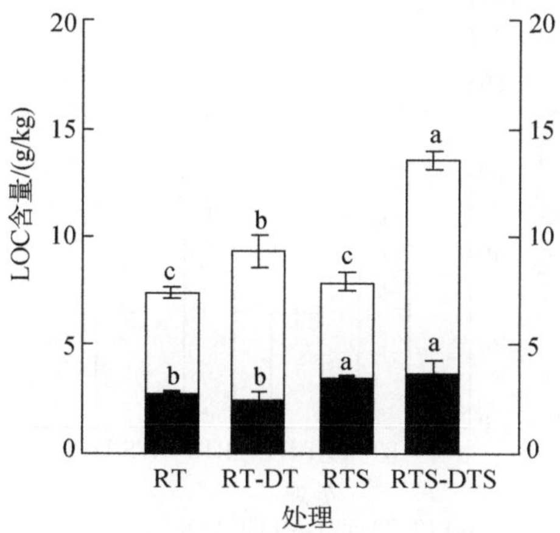

(b) 10~20 cm土层LOC、SOC含量

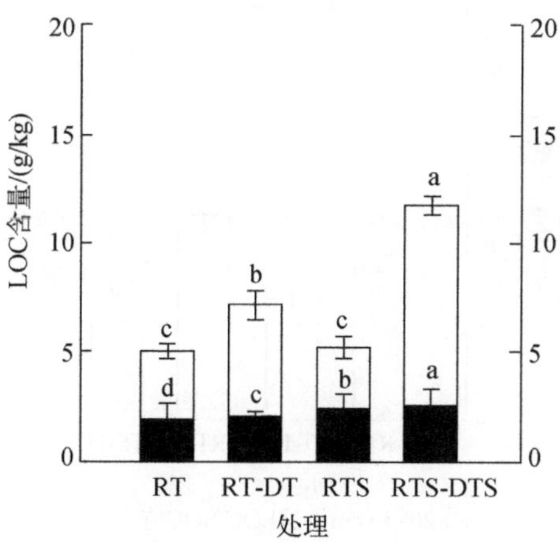

(c) 20~30 cm土层LOC、SOC含量

图 8-6

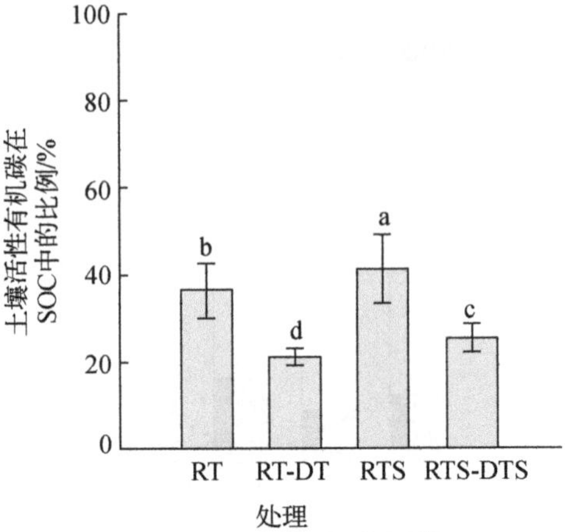

(d) 0~10 cm土层LOC/SOC值

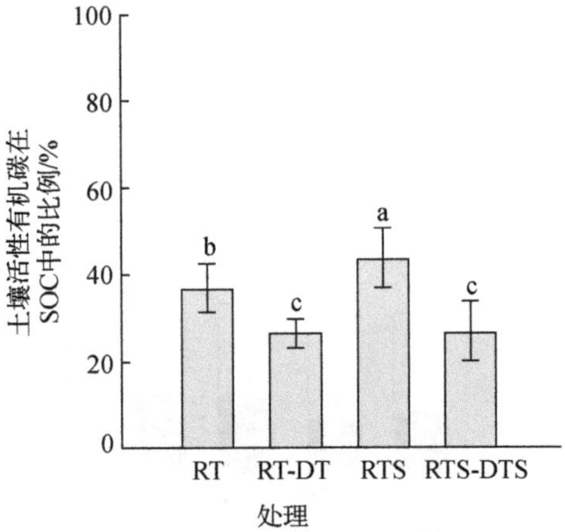

(e) 10~20 cm土层LOC/SOC值

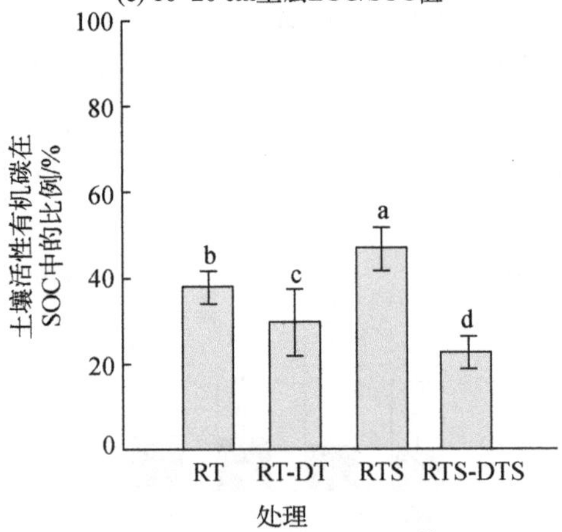

(f) 20~30 cm土层LOC/SOC值

图 8-6 SOC 中活性组分含量及其比例

[图中不同小写字母表示差异显著($P<0.05$)]

8.2.7 轮耕和秸秆还田对不同土壤有机碳活性组分的作用力分析

耕作方式转变、秸秆还田及两者的交互效应显著影响 SOC、POC、DOC 含量（$P<0.01$，表 8-1）。其中，耕作因素对 SOC 含量的作用力为 6.5%～30.9%，而秸秆因素达到 57.4%～80.7%，两者的交互效应为 0.3%～27.1%。耕作因素对 POC 含量的作用力达到 23.8%～63.0%，秸秆因素为 24.2%～72.4%，两者的交互效应为 2.6%～25.1%。耕作因素对 DOC 含量的作用力在 0～10 cm 达到了 62.4%（$P<0.01$），但在 10～20 cm，DOC 含量的主要作用力为秸秆还田，达到了 93.9%。在 0～10 cm 和 20～30 cm 土层，ROC 含量受耕作方式、秸秆还田及两者的交互效应的显著影响（$P<0.01$），且其作用力大小均为秸秆还田＞耕作方式＞两者交互效应，在 10～20 cm 土层，耕作和秸秆因素是 ROC 含量变化的主要作用力（$P<0.01$）。土壤表层（0～10 cm）MBC 含量变化的作用力主要为耕作方式和秸秆还田（$P<0.01$），而在 20～30 cm，其交互效应影响也达到了极显著水平（$P<0.01$）。

表 8-1 轮耕和秸秆还田对土壤有机碳活性组分的作用力分析

土层深度/cm	变异来源	对不同土壤有机碳活性组分的作用力/%				
		SOC	POC	ROC	DOC	MBC
0～10	耕作	6.45**	62.96**	29.18**	62.40**	50.62**
	秸秆	61.35**	31.50**	61.05**	12.64**	47.95**
	耕作×秸秆	27.08**	4.44**	6.00**	23.63**	0.05
10～20	耕作	30.93**	46.42**	13.01**	0.06**	96.47**
	秸秆	57.37**	24.16**	84.74**	93.88**	0.01*
	耕作×秸秆	7.45**	25.12**	0.01	4.67**	2.18**
20～30	耕作	11.37**	23.83**	28.45**	30.06**	6.12**
	秸秆	80.66**	72.37**	50.47**	53.42**	41.04**
	耕作×秸秆	0.32**	2.63**	20.60**	15.67**	52.29**

注：* 表示 $P<0.05$；** 表示 $P<0.01$。下同。

8.2.8 土壤有机碳变化与各活性有机碳组分间的相关关系

通过分析 SOC 及其活性组分之间的相关关系可以看出（表 8-2），旋耕转变为深松和秸秆还田条件下，SOC 与 POC、ROC、DOC、MBC 之间均呈显著（$P<0.05$）或极显著（$P<0.01$）相关关系。土壤 POC 与 ROC（$P<0.01$）、MBC（$P<0.05$），ROC 与 DOC（$P<0.01$）、MBC（$P<0.01$），DOC 与 MBC（$P<0.05$）之间均表现出显著或极显著的正相关关系。

表 8-2 土壤有机碳及各有机碳活性组分之间的相关分析

项目	SOC	POC	ROC	DOC	MBC
SOC	1.00				
POC	0.87**	1.00			
ROC	0.82**	0.75**	1.00		
DOC	0.55*	0.37	0.75**	1.00	
MBC	0.68*	0.66*	0.77**	0.65*	1.00

参考文献

鲍士旦．土壤农化分析．3 版．北京：中国农业出版社，2000.

鲁如坤．土壤农业化学分析方法．北京：中国农业科技出版社，2000.

Blair G. J.，Lefroy R. D. B.. Soil C fractions based on their degree of oxidation and the development of a C management index for agricultural systems. Aus. J. Agri. Res.，1995，46：1459-1466.

Cambardella C. A.，Elliott E. T.. Particulate soil organic-matter changes across a grassland cultivation sequence. Soil Sci. Soc. Am. J.，1992，56(3)：777-783.

Ghani A.，Dexter M.，Perrott K. W.. Hot-water extractable carbon in soils：A sensitive measurement for determining impacts of fertilisation，grazing and cultivation. Soil Biol. Biochem.，2003，35(9)：1231-1243.

第9章

轮耕对土壤活性有机碳及碳库管理指数的影响

9.1
研究方案

试验地概况及试验设计同 6.1.1 及 6.1.2 部分。

9.1.1 样品采集与分析

用土钻在各处理随机 5 点取样，每点分别采集 0～10 cm、10～20 cm 和 20～30 cm 土层的土样。5 点样品按层次充分混匀后经风干、磨碎、过筛(0.25 mm)备用。采用高锰酸钾氧化法测定土壤 LOC 含量(徐明岗等，2006)，采用重铬酸钾-外加热法测量土壤有机碳(SOC)含量(鲍士旦，2000)。以耕作方式未转变处理(RT 和 NT)为参考，计算转变耕作方式后(RT-ST 和 NT-ST)的土壤碳库活度(A)、碳库活度指数(AI)、碳库指数(CPI)和碳库管理指数(CMI)，计算公式如下：

$$碳库活度(A)=\frac{活性有机碳含量}{稳态碳含量}$$

$$碳库活度指数(AI)=\frac{农田碳库活度}{参考土壤碳库活度}$$

$$碳库指数(CPI)=\frac{农田土壤有机碳含量}{参考农田土壤有机碳含量}$$

$$碳库管理指数(CMI)=碳库指数\times碳库活度指数\times100$$

9.1.2 数据分析

本章采用 Excel 2010 进行数据分析，采用 Sigma Plot 10.0 作图，采用 SPSS 17.0 进行差异显著性分析。试验中，对各处理 LOC 含量差异进行多因素方差分析时，计算耕作因素、秸秆因素、试验年份及其交互效应对 LOC 含量的作用力，即各因素及其交互作用引起的变异在总变异中所占的比例，由其所产生的平方和占总平方和的百分比表示(冷寿慈，1992)。

9.2 结果与分析

9.2.1 轮耕对土壤耕层活性有机碳含量的影响

由表 9-1 可以看出，将长期旋耕和免耕处理转变为深松后，土壤 LOC 含量均发生了显著变化。2012～2014 年中，RTA-STA 处理较原 RTA 处理其土壤 LOC 含量在 0～20 cm 土层呈下降趋势，而相对于原 RTS 处理，RTS-STS 处理均不同程度提高了 0～30 cm 土层的 LOC 含量；NTS 处理转变为 NTS-STS 处理后，其 0～10 cm 土层的 LOC 含量呈下降趋势，10～20 cm 土层的 LOC 含量显著升高。秸秆还田处理 RTS-STS 和 NTS-STS 在 0～30 cm 土层的 LOC 含量均显著高于无秸秆还田的 RTA-STA 和 NTA-STA 处理，且随着土层的加深，LOC 含量逐渐降低。

由表 9-2 可知，转变耕作方式后，耕作因素对 LOC 含量的作用力随着土层的加深而逐渐升高，而秸秆因素的作用力逐渐降低，这与耕作方式转变前的耕作和秸秆因素对 LOC 含量的作用力趋势相反。在 0～10 cm 土层，各因素及其交互作用均对 LOC 含量产生了显著或极显著的影响，其中秸秆因素的作用力达到 69.79%；而在 10～20 cm 和 20～30 cm 土层，除秸秆和年份的交互作用外，各因素对 LOC 含量的作用力均达到显著或极显著水平（$P<0.01$）。

9.2.2 土壤活性有机碳占有机碳比例

长期旋耕、免耕转变为深松后，LOC/SOC 值发生显著变化（图 9-1）。

RTA-STA 和 RTS-STS 处理较未转变的 RTA 和 RTS 处理其 LOC/SOC 值在 0～10 cm、10～20 cm 和 20～30 cm 土层中均显著降低（$P<0.05$）。而 NTA-STA 和 NTS-STS 处理的 LOC/SOC 值在 0～10 cm 土层较原 NTA 和 NTS 处理并未表现出显著性差异，但在 10～30 cm 土层，NTS-STS 处理的 LOC/SOC 值显著高于 NTS 处理（$P<0.05$）。转变耕作

表 9-1 转变耕作方式对 0～30 cm 土层的土壤活性有机碳含量的影响

土层深度/cm	年份	不同耕作方式的土壤活性有机碳含量/(g/kg)							
		RTA	RTA-STA	RTS	RTS-STS	NTA	NTA-STA	NTS	NTS-STS
0～10	2012	3.19de	2.62e	3.91bc	4.77a	2.85e	2.94e	4.43ab	3.53cd
	2013	3.18de	2.66e	4.23ab	4.48a	3.46cd	3.82bc	4.71a	4.45a
	2014	3.17d	2.51e	3.98c	4.22bc	2.86de	2.61e	4.83a	4.58ab
10～20	2012	2.14b	2.27b	3.34a	3.50a	2.58b	2.27b	2.41b	2.58b
	2013	2.28e	2.22e	3.62ab	3.98a	2.20e	2.96cd	2.58de	3.37bc
	2014	2.73cd	2.46de	3.46ab	3.62a	2.15e	2.50de	3.06bc	3.51ab
20～30	2012	2.14b	2.35b	3.34a	3.35a	2.25b	2.18b	2.47b	2.66b
	2013	1.86d	1.94d	2.26c	2.61b	1.82d	2.07cd	1.91d	3.17a
	2014	1.92e	2.13d	2.45c	2.64b	1.94e	2.46c	2.28d	3.49a

注：表中同行不同小写字母分别表示差异显著（$P<0.05$）。

表 9-2　耕作、秸秆、年份及其交互作用对转变耕作方式后土壤活性有机碳含量变化的影响

差异来源	0～10 cm		10～20 cm		20～30 cm	
	作用力/%	P	作用力/%	P	作用力/%	P
耕作	2.11	0.0178*	10.29	0.0001**	16.52	0.0001**
秸秆	69.79	0.0001**	49.07	0.0001**	38.13	0.0001**
年份	3.36	0.0005**	4.76	0.0006**	9.68	0.0001**
耕作×秸秆	6.49	0.0001**	10.82	0.0001**	5.83	0.0001**
耕作×年份	3.96	0.0063**	4.47	0.0231*	13.77	0.0001**
秸秆×年份	1.33	0.0377*	1.60	0.0630	0.44	0.3565
耕作×秸秆×年份	3.95	0.0064**	5.61	0.0068**	5.66	0.001**

注：* 表示 $P<0.05$；** 表示 $P<0.01$。

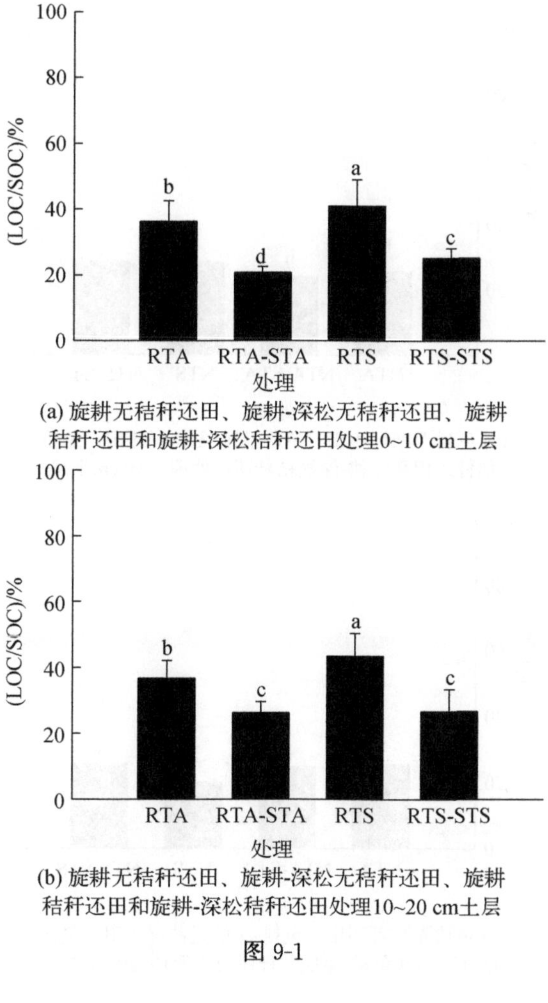

(a) 旋耕无秸秆还田、旋耕-深松无秸秆还田、旋耕秸秆还田和旋耕-深松秸秆还田处理0~10 cm土层

(b) 旋耕无秸秆还田、旋耕-深松无秸秆还田、旋耕秸秆还田和旋耕-深松秸秆还田处理10~20 cm土层

图 9-1

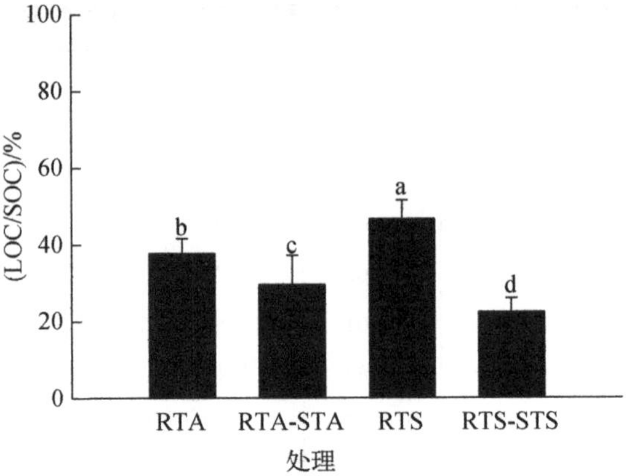

(c) 旋耕无秸秆还田、旋耕-深松无秸秆还田、旋耕秸秆还田和旋耕-深松秸秆还田处理20~30 cm土层

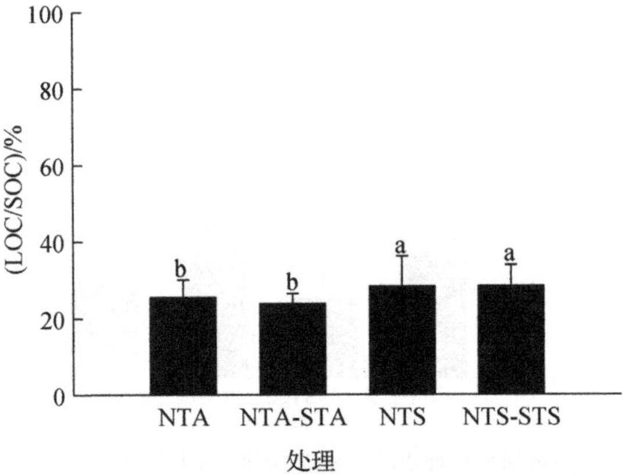

(d) 免耕无秸秆还田、免耕-深松无秸秆还田、免耕秸秆还田和免耕-深松秸秆还田处理0~10 cm土层

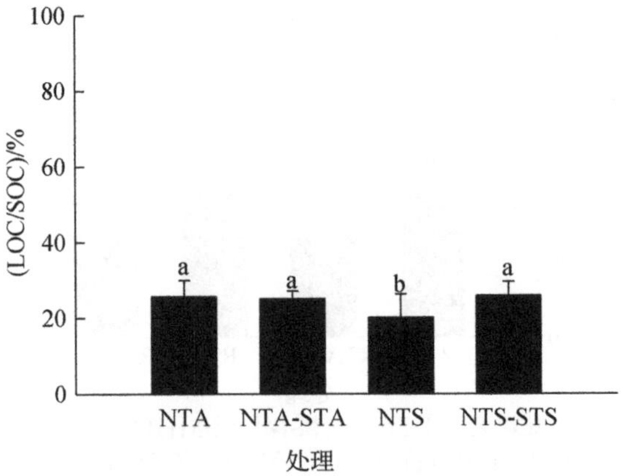

(e) 免耕无秸秆还田、免耕-深松无秸秆还田、免耕秸秆还田和免耕-深松秸秆还田处理10~20 cm土层

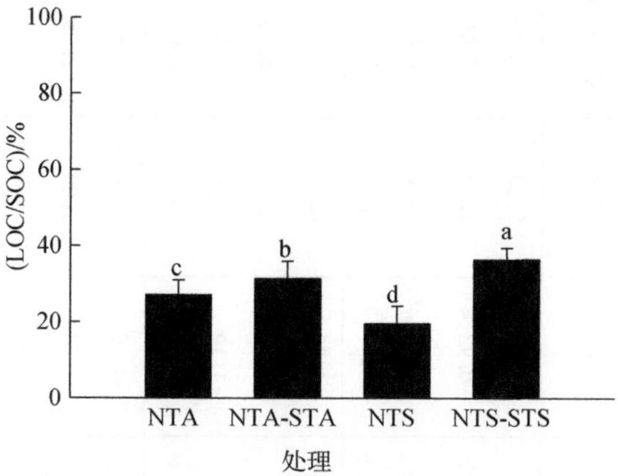

(f) 免耕无秸秆还田、免耕-深松无秸秆还田、免耕秸秆还田和免耕-深松秸秆还田处理20~30 cm土层

图 9-1 长期旋耕/免耕农田进行深松对土壤活性有机碳占有机碳比例的影响

（图中不同小写字母表示各处理间差异显著）

方式后，与无秸秆还田处理相比，RTS-STS 处理在 3 个土层未有明显规律，但 NTS-STS 处理的 LOC/SOC 值在 0～10 cm 和 20～30 cm 土层都显著高于其无秸秆还田处理（$P<0.05$）。

9.2.3 轮耕后土壤碳库管理指数的变化

转变耕作方式后，各处理碳库活度、碳库活度指数、碳库指数和碳库管理指数均发生了明显变化（表 9-3）。与未转变处理相比，RTA-STA、RTS-STS 处理均降低了 0～30 cm 土壤碳库活度、碳库活度指数及碳库管理指数，而 NTS-STS 处理提高了碳库活度和碳库活度指数，但降低了 0～10 cm 土层的碳库管理指数。RTS-STS 处理的碳库管理指数随着土层的加深而逐渐降低，而 NTS-STS 处理则呈逐渐升高趋势。转变耕作方式后，秸秆还田在一定程度上能够提高 0～20 cm 土层的碳库管理指数。

表 9-3　耕作方式转变对农田碳库管理指数的影响

土层深度/cm	碳库参数	RTA	RTA-STA	RTS	RTS-STS	NTA	NTA-STA	NTS	NTS-STS
0～10	碳库活度(A)	0.57	0.26	0.70	0.34	0.34	0.31	0.39	0.40
	碳库活度指数(AI)	1.00	0.46	1.00	0.48	1.00	0.92	1.00	1.01
	碳库指数(CPI)	1.00	1.38	1.00	1.73	1.00	0.97	1.00	0.94
	碳库管理指数(CMI)	100	63.7	100	83.5	100	89.3	100	94.9
10～20	碳库活度(A)	0.58	0.36	0.77	0.36	0.34	0.33	0.25	0.35
	碳库活度指数(AI)	1.00	0.61	1.00	0.47	1.00	0.97	1.00	1.38
	碳库指数(CPI)	1.00	1.26	1.00	1.71	1.00	1.19	1.00	0.89
	碳库管理指数(CMI)	100	77.3	100	80.5	100	115.5	100	123.3
20～30	碳库活度(A)	0.61	0.42	0.87	0.29	0.37	0.46	0.24	0.57
	碳库活度指数(AI)	1.00	0.69	1.00	0.33	1.00	1.23	1.00	2.35
	碳库指数(CPI)	1.00	1.42	1.00	2.24	1.00	1.10	1.00	0.82
	碳库管理指数(CMI)	100	97.7	100	74.0	100	134.5	100	193.5

参考文献

鲍士旦. 土壤农化分析. 3版. 北京:中国农业出版社,2000.

冷寿慈. 生物统计与田间试验设计. 北京:中国广播电视出版社,1992.

徐明岗,于荣,王伯仁. 长期不同施肥下红壤活性有机质与碳库管理指数变化. 土壤学报,2006,43(5):723-729.

第10章

轮耕和秸秆还田下作物产量的变化

10.1 试验方案

试验地概况及试验设计同 6.1.1 及 6.1.2 部分。

10.1.1 样品采集与分析

小麦成熟时,各试验小区去除边行随机收获 2 m^2 试验田的麦穗,记录有效穗数,试验设 3 次重复,计算小麦产量。玉米成熟时,各试验小区去除边行随机收获 10 m 双行的玉米穗,记录株数、穗数、空秆率和双穗率,试验设 3 次重复,计算玉米产量。

10.1.2 数据分析

试验所得数据采用 Excel 2007 处理,Sigma Plot 10.0 作图。采用 DPS 7.05、SPSS 17.0 统计软件进行差异显著性分析、相关关系分析、回归分析。

10.2 优化耕作和秸秆还田下小麦、玉米产量演变规律

由图 10-1 可知,泰安和龙口定位试验点的长期保护性耕作条件下的产

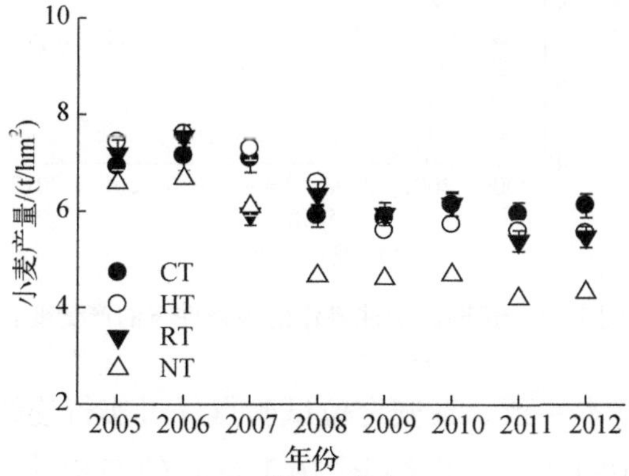

(a) 泰安：小麦

图 10-1

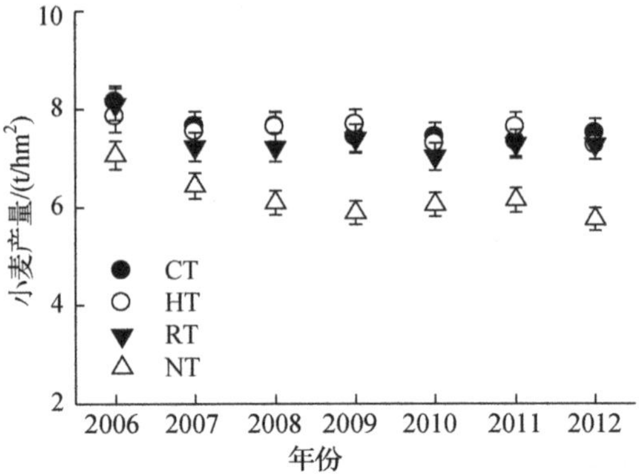

(b) 龙口：小麦

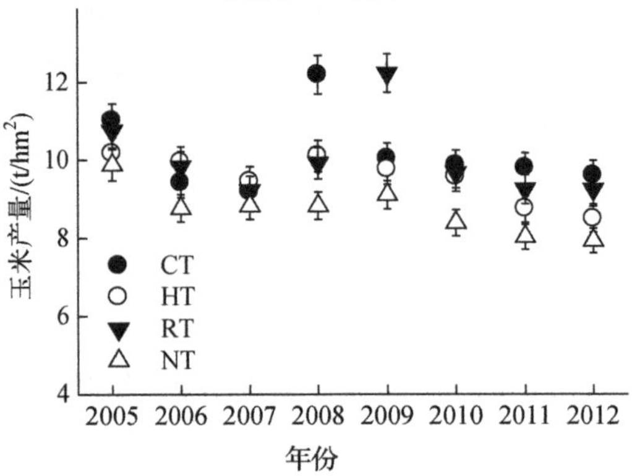

(c) 泰安：玉米

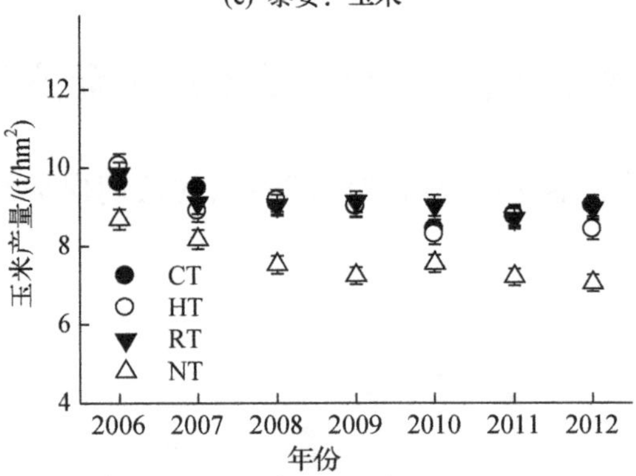

(d) 龙口：玉米

图 10-1　长期保护性耕作措施条件下的产量变化

量效应变化趋势基本一致。泰安定位试验点经过实行连续 10 年单一的耕作措施后，小麦［图 10-1 (a)］、玉米［图 10-1 (c)］的产量并没有发生明显的增加，反而维持在小麦 6 t/hm^2、玉米 9.5 t/hm^2 的水平上；而龙口试验点在实行了 6 年的保护性耕作后，小麦[图 10-1（b）]、玉米[图 10-1（d）]平均产量水平也长期维持在小麦 7.2 t/hm^2、玉米 8.7 t/hm^2 的水平上。

从各处理来看，泰安定位试验点的 CT、HT、RT 和 NT 处理的小麦平均产量为 6.39 t/hm^2、6.41 t/hm^2、6.25 t/hm^2 和 5.23 t/hm^2，玉米平均产量为 10.14 t/hm^2、9.53 t/hm^2、10.01 t/hm^2 和 8.72 t/hm^2；而龙口定位试验点的 CT、HT、RT 和 NT 处理的小麦平均产量为 7.59 t/hm^2、7.55 t/hm^2、7.36 t/hm^2 和 6.21 t/hm^2，玉米平均产量为 9.06 t/hm^2、8.94 t/hm^2、9.12 t/hm^2 和 7.64 t/hm^2。两个定位试验点中，NT 处理无论是小麦产量还是玉米产量都较其他处理低，且呈现逐年下降的趋势。

在泰安定位试验点实行轮耕措施后，无论是小麦产量[图 10-2(a)～(c)]还是玉米产量[图 10-2(d)～(f)]都显著增加，特别是小麦产量，增长幅

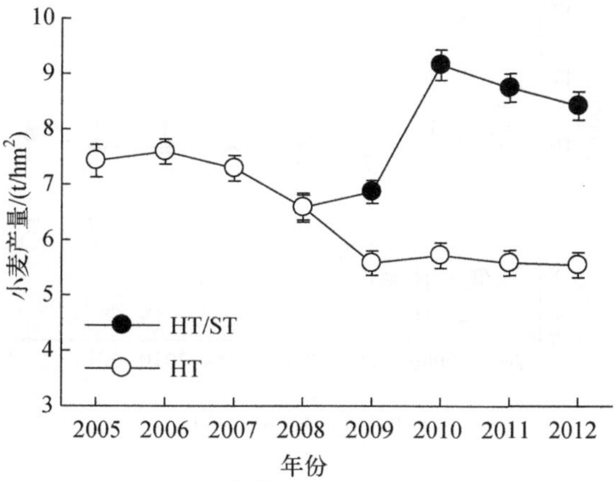

(a) 小麦：HT和HT/ST

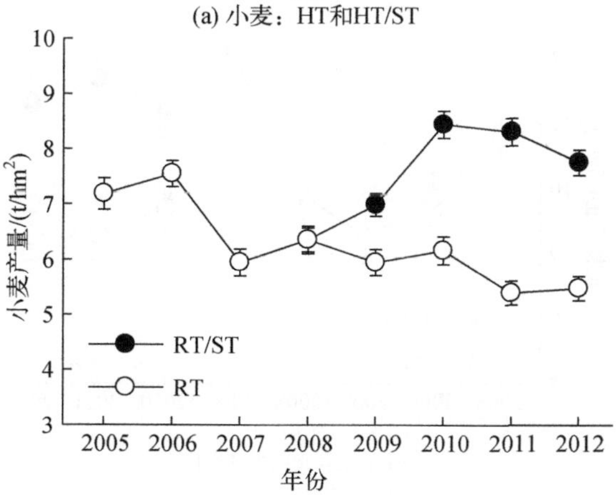

(b) 小麦：RT和RT/ST

图 10-2

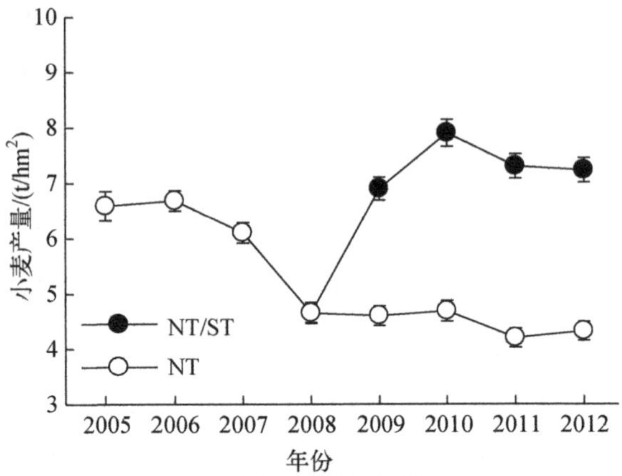

(c) 小麦：NT和NT/ST

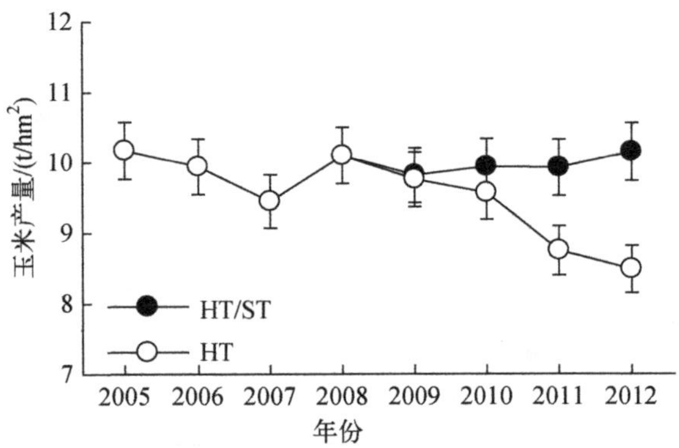

(d) 玉米：HT和HT/ST

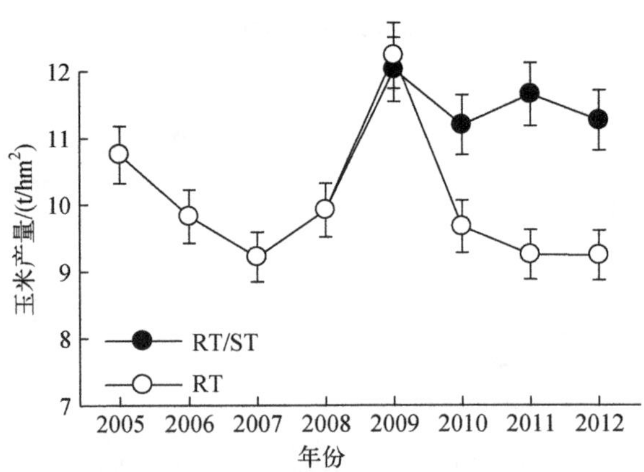

(e) 玉米：RT和RT/ST

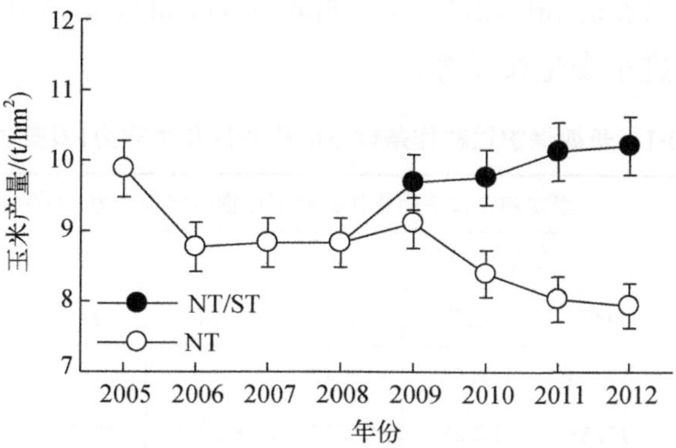

(f) 玉米：NT和NT/ST

图 10-2　轮耕后的小麦、玉米的产量变化(泰安)

度较大。HT/ST、RT/ST 和 NT/ST 处理的小麦产量轮耕后分别较 HT、RT 和 NT 处理平均增长了 47.9%、37.7%和 64.9%，玉米产量平均增长了 9.4%、15.5%和 19.4%。

10.3 优化耕作和秸秆还田作物周年生产力

泰安和龙口定位试验点的作物周年生产力水平见表 10-1。长期的保护性耕作条件下，泰安、龙口定位试验点的作物周年生产力水平呈逐年下降趋势，龙口的周年生产力水平要高于泰安试验点。各处理中，两个试验点都以免耕(NT)处理的作物周年生产力下降幅度最大，泰安试验点从试验初期的 16.47 t/hm² 下降到 2012 年的 12.26 t/hm²，下降了 25.6%，而龙口试验点则下降了 18.6%。旋耕(RT)和常规耕作(CT)处理下降幅度较小，2005～2012 年泰安试验点的周年生产力下降了 18.0%、12.4%，2006～2012 年龙口试验点两处理分别下降了 9.6%、7.0%。

HT、RT 和 NT 处理实行轮耕后，HT/ST[图 10-3(a)]、RT/ST[图 10-3(b)]和 NT/ST[图 10-3(c)]处理的小麦、玉米周年生产力显著增加。

HT/ST、RT/ST 和 NT/ST 处理的小麦、玉米周年生产力的增长率逐年增加，例如 HT/ST 处理，2009～2012 年周年生产力分别增长 8.8%、24.9%、30.3% 和 32.4%。NT/ST 处理增长幅度最大，4 年分别增长

20.9%、35.0%、42.5%和42.2%，说明轮耕后，深松能显著改善土壤结构，破除犁底层，促进小麦生长发育。

表 10-1　长期保护性耕作条件下的作物周年生产力(泰安、龙口)

年份	泰安和龙口不同耕作条件下作物周年生产力/(t/hm²)							
	泰安				龙口			
	CT	HT	RT	NT	CT	HT	RT	NT
2005	17.94[a]	17.60[b]	17.94[a]	16.47[c]	—	—	—	—
2006	16.56[c]	17.53[a]	17.37[b]	15.45[d]	17.77[b]	17.90[a]	17.95[a]	15.75[c]
2007	16.28[b]	16.74[a]	15.16[c]	14.93[d]	17.11[a]	16.42[b]	16.34[c]	14.61[d]
2008	18.09[a]	16.68[b]	16.27[c]	13.48[d]	16.74[a]	16.79[a]	16.26[b]	13.63[c]
2009	15.88[b]	15.34[c]	18.17[a]	13.71[d]	16.42[c]	16.70[a]	16.53[b]	13.14[d]
2010	15.99[a]	15.29[c]	15.83[b]	13.08[d]	15.84[b]	15.58[c]	16.06[a]	13.61[d]
2011	15.74[a]	14.34[c]	14.64[b]	12.23[d]	16.12[b]	16.37[a]	15.99[c]	13.36[d]
2012	15.72[a]	14.03[c]	14.71[b]	12.26[d]	16.52[a]	15.67[c]	16.23[b]	12.82[d]

注：表中同行不同小写字母分别表示同一试验点不同耕作条件间差异极显著($P<0.01$)。

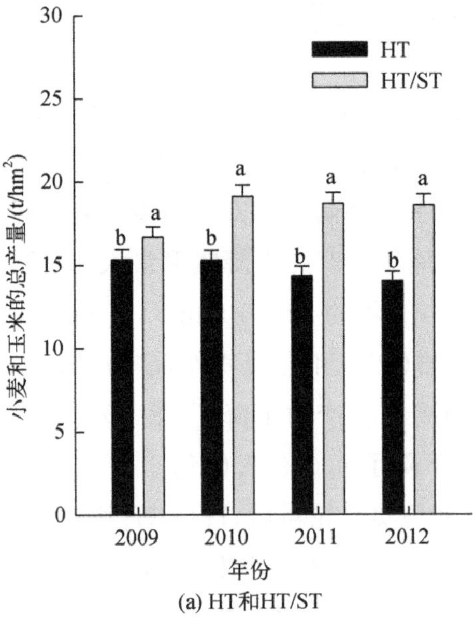

(a) HT和HT/ST

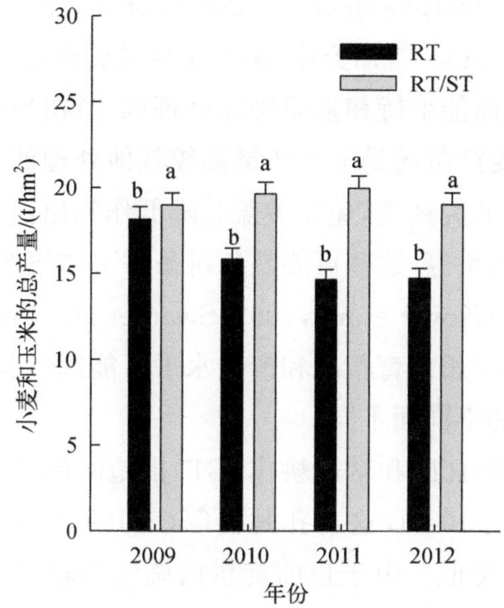

(b) RT和RT/ST

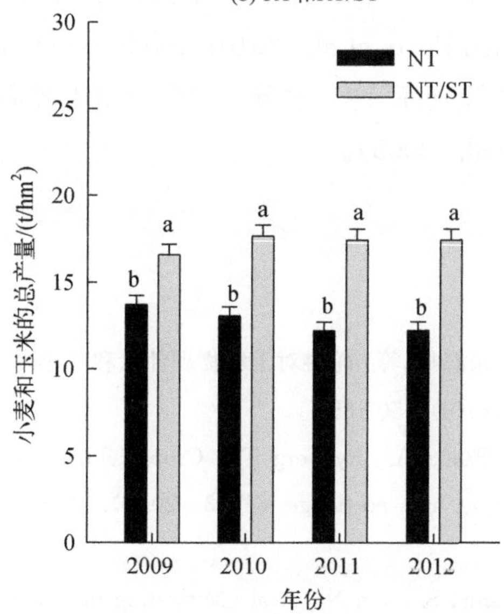

(c) NT和NT/ST

图 10-3　轮耕后小麦、玉米周年生产力的变化(泰安)

(图中不同小写字母表示实施轮耕处理前后差异显著)

目前,长期免耕条件下作物产量的变化争议较大,有研究指出,长期免耕秸秆覆盖或还田可以增加作物产量(Ordóñez Fernández et al.,2007;He et al.,2009,2011),但也有大量研究表明,长期采用免耕也可能会减少作物产量(Kovar et al. ,1992;Swan et al. ,1994;Fortin,1993;Bhatia et al. ,2010;Känkänen et al. ,2011)。本研究中,两个定位试验点在实行免耕措施的前几年,小麦、玉米产量尚能维持和常规耕作处理(CT)相当的水平,但随着时间的推进,无论是小麦产量还是玉米产量都较其他处理低,且呈现逐年下降的趋势(图 10-1)。有研究认为,免耕覆盖会降低作物出苗率,延迟作物生长和成熟,增加籽粒含水量等,这些可能是免耕条件下作物产量降低的主要原因(Mock et al. ,1977;Kovar et al. ,1992;Swan et al. ,1994;Fortin,1993),但免耕条件下作物的生长发育状况和产量水平可能因试验地土壤类型、纬度、气候、作物轮作等的不同而不同。

本研究中,旋耕(RT)和常规耕作(CT)措施的周年产量水平较高,显著地高于免耕处理(表 10-1),这与孔凡磊等(2010)、Soane 等(2012)、Gruber 等(2012)研究结果类似。由于目前旋耕措施应用较广,其产量水平表现出明显的优势,但长期旋耕(10 年以上)条件下的产量状况趋势并不明显,甚至有下降的趋势(van den Putte et al. ,2010;Arvidsson et al. ,2014),原因可能是过度的耕作导致土壤碳库亏空、水分和养分含量下降而影响作物产量(He et al. ,2009;Chan et al. ,2005)。

参考文献

孔凡磊,陈阜,张海林,等. 轮耕对土壤物理性状和冬小麦产量的影响. 农业工程学报,2010,26(8):150-155.

Arvidsson J. , Etana A. , Rydberg T. . Crop yield in Swedish experiments with shallow tillage and no-tillage (1983—2012). Euro. J. Agron. , 2014, 52: 307-315.

Bhatia A. ,Sasmal S. ,Jain N. ,et al. Mitigating nitrous oxide emission from soil under conventional and no-tillage in wheat using nitrification inhibitors. Agr. Ecosyst. Environ. ,2010,136 (3-4):247-253.

Chan K. Y. ,Heenan D. P. . The effects of stubble burning and tillage on soil carbon sequestration and crop productivity in southeastern Australia. Soil Use Manage. . ,2005,21(4):427-431.

Fortin M. C. . Soil temperature, soil water, and no-till corn development following in-row residue removal. Agron. J. ,1993,85(3):571-576.

Gruber S. ,Pekrun C. ,Möhring J. ,et al. Long-term yield and weed response to conservation and stubble tillage in SW Germany. Soil Till. Res. ,2012,121:49-56.

He J. ,Li H. W. ,Rasaily R. G. ,et al. Soil properties and crop yields after 11 years of no tillage farming in wheat-maize cropping system in North China Plain. Soil Till. Res. ,2011,113(1):48-54.

He J. ,Wang Q. J. ,Li H. W. ,et al. Effect of alternative tillage and residue cover on yield and water use efficiency in annual double cropping system in North China Plain. Soil Till. Res. ,2009,104:198-205.

Känkänen H. ,Alakukku L. ,Salo Y. ,et al. Growth and yield of spring cereals during transition to zero tillage on clay soils. Eur. J. Agr. ,2011,34(1):35-45.

Kovar J. L. ,Barber S. A. ,Kladivko E. J. ,et al. Characterization of soil temperature,water content,and maize root distribution in two tillage systems. Soil Till. Res. ,1992,24(1):11-27.

Mock J. J. , Erbach D. C. . Influence of conservation-tillage environments on growth and productivity of corn. Agron. J. ,1977,69(3):337-340.

Ordóñez Fernández R. ,González Fernández P. ,Giráldez Cervera J. V. ,et al. Soil properties and crop yields after 21 years of direct drilling trials in southern Spain. Soil Till. Res. ,2007,94(1):47-54.

Soane B. D. ,Ball B. C. ,Arvidsson J. ,et al. 2012. No-till in northern,western and south-western Europe: A review of problems and opportunities for crop production and the environment. Soil Till. Res. ,2012,118:66-87.

Swan J. B. ,Higgs R. L. ,Bailey T. B. ,et al. Surface residue and in-row treatment effects on long-term no-tillage continuous corn. Agron. J. , 1994,86(4):711-718.

van den Putte A. ,Govers G. ,Diels J. ,et al. Assessing the effect of soil tillage on crop growth:A meta-regression analysis on European crop yields under conservation agriculture. Eur. J. Agr. ,2010,33(3):231-241.

第11章

轮耕和秸秆还田的温室气体排放和温室效应

11.1 研究方案

试验地概况及试验设计同 6.1.1 及 6.1.2 部分。

11.1.1 温室气体样品采集

CH_4 和 N_2O 通量的测定采用静态箱-气相色谱法（Robertson，1993）。气体取样一般在当天的 9：00～12：00，分别于 0 min、15 min、30 min 采集气体，重复 3 次。同时测定大气温度、地表温度、5 cm 地温和土壤水分。一般在 3～10 月每月采集 2～3 次，12 月～次年 2 月每月采集 1 次。

11.1.2 温室气体样品分析与估算

同本书 4.1.3 部分。

11.2 轮耕后土壤温室气体排放特征

长期单一的土壤耕作后改变耕作方式会导致土壤环境的显著变化，进而显著地影响土壤温室气体排放（Tian et al.，2012）。长期旋耕（RT）、耙耕（HT）和免耕（NT）后进行深松（ST），土壤温室气体排放显著变化，这 3 种轮耕方式使 CH_4 吸收通量显著增加，HT/ST[图 11-1（a）]、RT/ST[图 11-1（b）]和 NT/ST[图 11-1（c）]处理分别较原耕作方式增加 23.6%、14.7%、26.1%。但增加土壤"CH_4"汇能力的同时，也显著地增加了土壤 N_2O 的排放，HT/ST[图 11-1（d）]、RT/ST[图 11-1（e）]和 NT/ST[图 11-1（f）]处理的 N_2O 排放通量分别较原耕作方式增加了 10.2%、12.9%、78.3%。

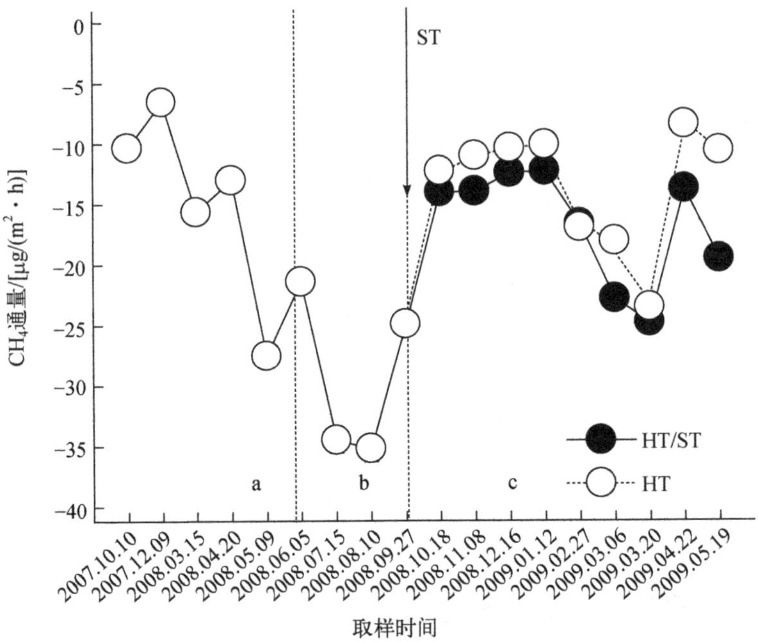

(a) HT和HT/ST的CH_4通量

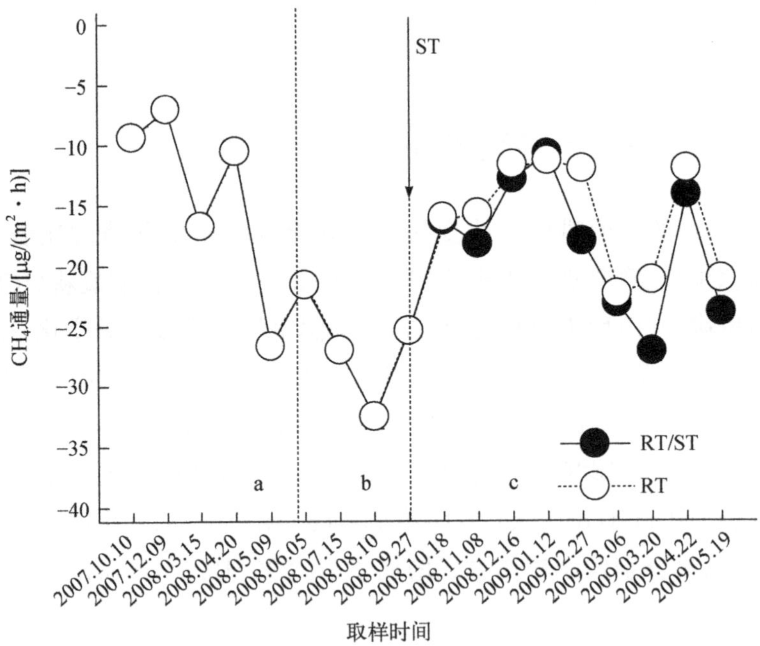

(b) RT和RT/ST的CH_4通量

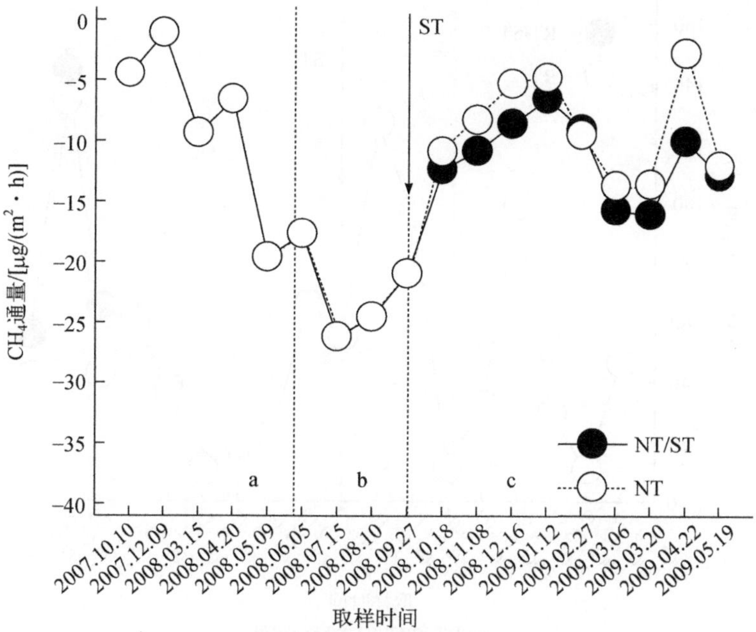

(c) NT和NT/ST的CH_4通量

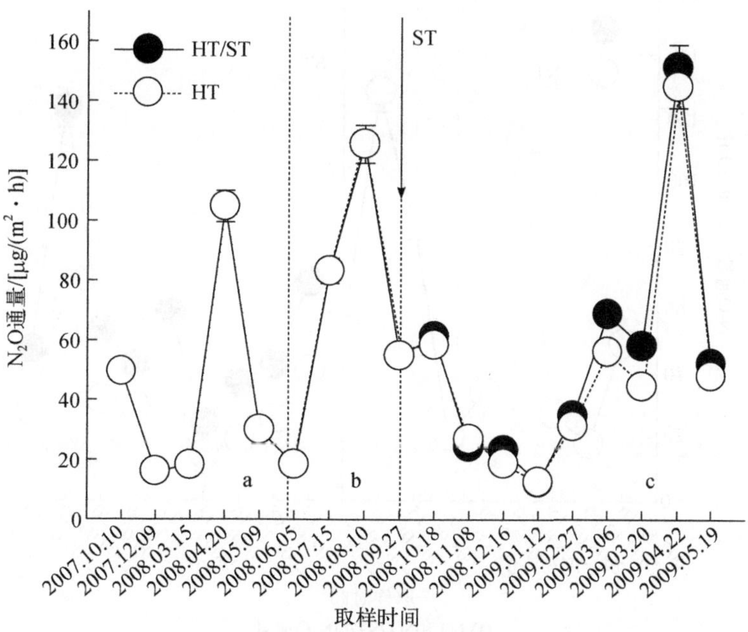

(d) HT和HT/ST的N_2O通量

图 11-1

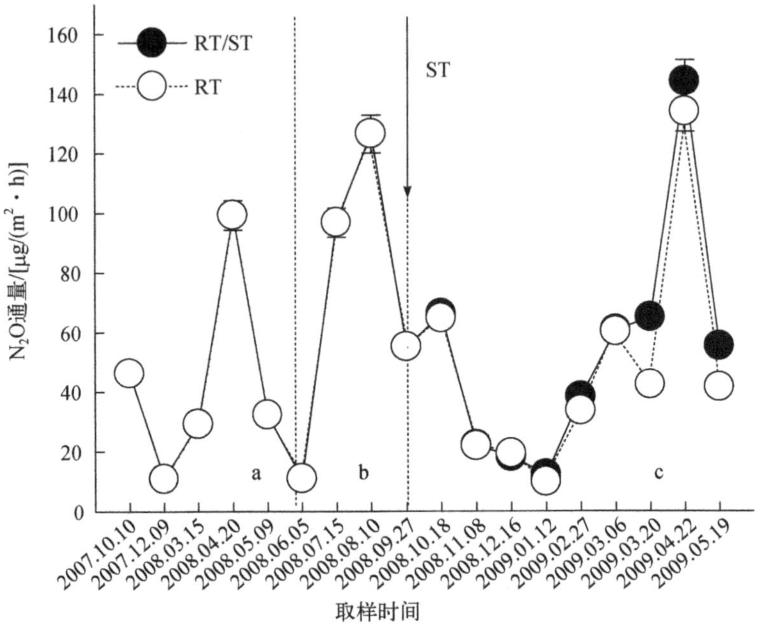

(e) RT和RT/ST的N_2O通量

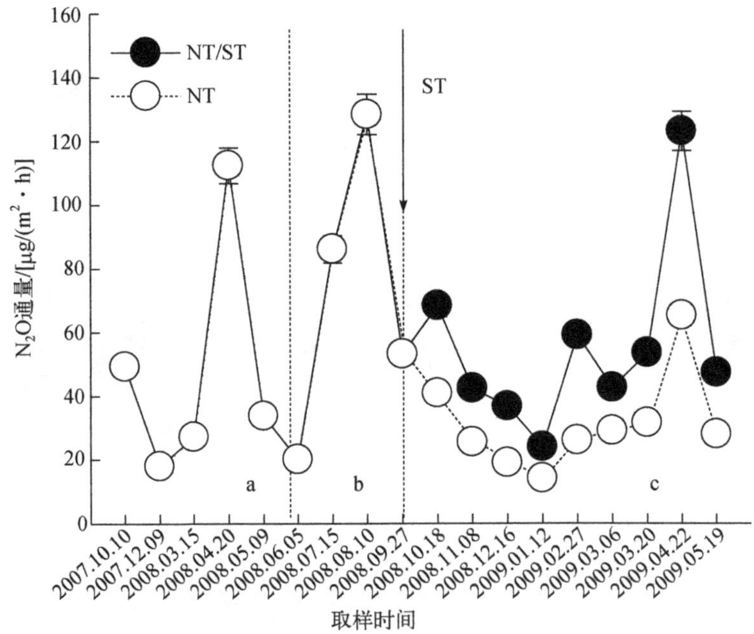

(f) NT和NT/ST的N_2O通量

图 11-1　轮耕前后的土壤 CH_4 和 N_2O 通量

［图中 a、c 分别代表 2007～2008 年和 2008～2009 年的小麦生长季；b 代表 2008～2009 年的玉米生长季。图中箭头代表深松时间（即轮耕实施时间），虚线用于区别两年中的作物生长时期］

11.3 轮耕后温室气体总排放量和全球增温潜能值

CH_4 和 N_2O 的总排放通量(2007 年 10 月～2009 年 5 月)在轮耕后都显著增加(表 11-1)。

表 11-1　轮耕后温室气体总排放量和全球增温潜能值的变化

项目	轮耕处理					
	HT	HT/ST	RT	RT/ST	NT	NT/ST
CH_4 总吸收通量/(kg/hm^2)	0.73	0.84	0.64	0.78	0.39	0.52
CH_4 全球增温潜能值/(kg/hm^2)	0.17	0.19	0.15	0.18	0.09	0.12
N_2O 总排放通量/(kg/hm^2)	2.14	2.42	2.26	2.46	1.46	2.67
N_2O 全球增温潜能值/(kg/hm^2)	0.49	0.56	0.52	0.57	0.35	0.61
CH_4 和 N_2O 的总排放通量/(kg/hm^2)	1.41	1.58	1.62	1.68	1.07	2.15
CH_4 和 N_2O 的总全球增温潜能值/(kg/hm^2)	0.32	0.37	0.37	0.39	0.26	0.49
轮耕后增加的总排放通量/(kg/hm^2)	—	0.17	—	0.06	—	1.08
轮耕后增加的总全球增温潜能值/(kg/hm^2)	—	0.05	—	0.02	—	0.23

注:表中 CH_4 和 N_2O 的总排放通量是 N_2O 总排放通量减去 CH_4 总吸收通量的差值;CH_4 和 N_2O 的总全球增温潜能值为 N_2O 全球增温潜能值减去 CH_4 全球增温潜能值的差值;轮耕后增加的总排放通量为轮耕后 CH_4 和 N_2O 总排放通量减去轮耕前 CH_4 和 N_2O 总排放通量的差值;轮耕后增加的总全球增温潜能值为轮耕后 CH_4 和 N_2O 总全球增温潜能值减去轮耕前 CH_4 和 N_2O 总全球增温潜能值的差值。

轮耕前,HT 处理 CH_4 总吸收通量最高,为 0.73 kg/hm^2,RT 处理次之(0.64 kg/hm^2),NT 处理最低,只有 0.39 kg/hm^2,但实行轮耕后,3 个处理的 CH_4 总吸收通量显著增加,增幅最大的为 NT 处理,轮耕后 NT 处理的 CH_4 总吸收通量增长到 0.52 kg/hm^2,但显著低于另外 2 个轮耕处理,HT/ST 和 RT/ST 处理的 CH_4 总吸收通量分别增长到 0.84 kg/hm^2 和 0.78 kg/hm^2。

轮耕前 N_2O 总排放通量表现为 RT＞HT＞NT,但轮耕后,NT/ST 处理的 N_2O 总排放通量显著增加(表 11-1),达到 2.67 kg/hm^2,显著高于 HT/ST 和 RT/ST 处理。CH_4 和 N_2O 的总排放通量为 NT/ST＞RT/ST＞HT/ST,轮耕后,NT/ST、RT/ST 和 HT/ST 处理的 CH_4 和 N_2O 的总排放通量分别比原耕作方式增加了 1.08 kg/hm^2、0.06 kg/hm^2 和 0.17 kg/hm^2。

因此，NT/ST、RT/ST 和 HT/ST 处理的总全球增温潜能值增加了 0.23kg/hm^2、0.02kg/hm^2 和 0.05 kg/hm^2。

参考文献

Chatskikh D., Olesen J. E.. Soil tillage enhanced CO_2 and N_2O emissions from loamy sand soil under spring barley. Soil Till. Res., 2007, 97(1): 5-18.

IPCC. Climate change 2007: The physical science basis. Contribution of working group I to the fourth assessment report of the intergovernmental panel on climate change. Cambridge: Cambridge University Press, 2007.

Liang W., Yi S. H. I., Zhang H., et al. Greenhouse gas emissions from northeast China rice fields in fallow season. Pedosphere, 2007, 17(5): 630-638.

Robertson G.. Fluxes of nitrous oxide and other nitrogen trace gases from intensively managed landscapes: A global perspective// Harpwr L. A., Mosier A. R., Duxbury J. M., et al. Agricultural ecosystem effects on trace gases and global climate change. ASA Special Publication No. 55. ASA, CSSA, SSSA, Madison, 1993: 95-108.

Tian S. Z., Ning T. Y., Zhao H. X., et al. Response of CH_4 and N_2O emissions and wheat yields to tillage method changes in the North China Plain. PLoS one, 2012, 7(12): e51206.

第12章

优化耕作和秸秆还田的碳足迹分析

12.1
研究方案

试验地概况及试验设计同 6.1.1 及 6.1.2 部分。

12.1.1 碳足迹的计算方法

(1) 农田利用碳排放量估算

农田利用的碳排放主要来源包括：

① 化肥生产和使用过程中所导致的碳排放；

② 农药生产和使用过程中所导致的碳排放；

③ 农膜生产和使用过程中所引起的碳排放；

④ 农业机械使用消耗化石燃料(柴油、电力等)所产生的碳排放；

⑤ 农业灌溉过程中电能利用所形成的碳排放；

⑥ 农田土壤碳库动态变化而引起的直接碳排放。

本章仅考虑前 5 种主要的间接碳排放途径，碳排放估算公式为：

$$E=E_f+E_p+E_m+E_e+E_i$$

式中 E——农田利用的碳排放总量；

E_f——化肥引起的碳排放量；

E_p——农药引起的碳排放量；

E_m——农膜引起的碳排放量；

E_e——农业机械引起的碳排放量；

E_i——农业灌溉引起的碳排放量。

各种碳排放量的具体计算见以下公式(West et al.，2002；赵荣钦等，2007)。

$$E_f=G_fA$$

式中 G_f——化肥使用量；

A——化肥使用的碳排放系数，kg/kg，取值为 0.8956 kg/kg。

$$E_p=G_pB$$

$$E_m=G_mC$$

式中　G_p——农药使用量；

B——农药使用的碳排放系数，kg/kg，取值为 4.9341 kg/kg；

G_m——农膜使用量；

C——农膜使用的碳排放系数，kg/kg，取值为 5.18 kg/kg。

$$E_e = A_e D + W_e F$$

式中　A_e——农作物种植面积；

W_e——农业机械总动力；

D——农作物种植的碳排放系数，kg/hm^2，取值为 16.47 kg/hm^2；

F——农业机械使用的碳排放系数，kg/hm^2，取值为 0.18 kg/hm^2。

$$E_i = A_i G$$

式中　A_i——灌溉面积；

G——灌溉的碳排放系数，kg/hm^2，取值为 266.48 kg/hm^2。

(2) 农作物年碳吸收量估算

农田生态系统中所有农作物全生育期对碳的吸收量(C_t)按下式计算。

$$C_t = \sum_{i=1}^{n} C_{d,i} = \sum_{i=1}^{n} (C_{f,i} D_{w,i}) = \sum_{i=1}^{n} (C_{f,i} Y_{w,i} / H_i)$$

式中　$C_{d,i}$——i 类农作物全生育期对碳的吸收量；

$C_{f,i}$——i 类农作物的碳吸收速率，即光合作用合成单位质量干物质所需要吸收的碳量；

$D_{w,i}$——i 类农作物总生物量；

$Y_{w,i}$——i 类农作物的经济产量；

H_i——i 类农作物的经济系数；

n——农作物的种类数。

李克让(2000)详细列举了中国主要农作物碳吸收速率和经济系数。

(3) 农田生态系统碳足迹核算

本章将碳足迹看作生态足迹的一部分，把碳足迹定义为：消纳碳排放所需要的生产性土地(植被)的面积，即碳排放的生态足迹(CEF)。

$$\text{CEF} = E/\text{NEP}$$

$$\text{NEP} = C_t / S$$

式中　E——农田利用的碳排放总量；

NEP——农作物的固碳能力，即 1 hm^2 的植被 1 年吸收的碳量；

C_t——农田生态系统中所有农作物全生育期对碳的吸收量；

S——耕地面积。

在碳足迹总量分析的基础上，用碳足迹除以耕地面积可以得到农田生态系统单位面积碳足迹。区域农田生态系统碳足迹如果超过了区域生态承载力，那么就会出现碳生态赤字；如果小于区域生态承载力，则表现为碳生态盈余。

12.1.2 数据分析

试验所得数据采用 Excel 2007 处理，Sigma Plot 10.0 作图。采用 DPS 7.05、SPSS 17.0 统计软件进行差异显著性分析、相关关系分析、回归分析。

12.2 小麦季优化耕作和秸秆还田的碳足迹分析

本试验的小麦-玉米一年两熟制中的碳足迹由小麦季碳足迹和玉米季碳足迹组成。在小麦季碳足迹组成中(表 12-1)，由于各处理化肥、农药投入和灌溉量相同，故各处理之间这部分碳足迹相同，但耕作时的柴油消耗量不同造成的碳足迹不同，故各处理的碳足迹差异主要取决于农业机械进行耕地、收获和秸秆还田消耗柴油而产生的直接碳排放。在小麦季各处理碳足迹的组成中，化肥投入造成的碳足迹比例最大，占到 75.2%～77.6%，其次是灌溉所消耗的电能造成的碳足迹，占到 11.8%～12.2%，而由农业机械消耗柴油造成的碳足迹则只占 8.1%～8.3%。

表 12-1 小麦季中不同耕作措施下的碳足迹

项目		不同耕作措施下的碳足迹/[kg/(hm^2·a)]					比例/%
		CT	ST	HT	RT	NT	
化肥	N	565.5	565.5	565.5	565.5	565.5	75.2～77.6
	P_2O_5	30	30	30	30	30	
	K_2O	15.75	15.75	15.75	15.75	15.75	

续表

项目		不同耕作措施下的碳足迹/[kg/(hm^2·a)]					比例/%
		CT	ST	HT	RT	NT	
农药	除草剂	0.13	0.13	0.13	0.13	0.13	2.6～2.7
	杀虫剂	20.91	20.91	20.91	20.91	20.91	
柴油	耕作	14.40	23.40	8.04	4.96	0	8.1～8.3
	秸秆还田	30.17	30.17	30.17	30.17	25.10	
	播种	5.99	5.99	5.99	5.99	8.85	
	收获	15.06	15.06	15.06	15.06	15.06	
灌溉	电能	96	96	96	96	96	11.8～12.2
种子		9.9	9.9	9.9	9.9	9.9	1.2～1.3
合计		803.8	812.8	797.4	794.4	787.2	

各耕作处理之间的碳足迹差异显著，最高的是深松处理(ST)，为 812.8 kg/(hm^2·a)，其次是常规耕作(CT)，碳足迹为 803.8 kg/(hm^2·a)，免耕措施碳足迹最低，只有 787.2 kg /(hm^2·a)。

12.3 玉米季优化耕作和秸秆还田的碳足迹分析

玉米季碳足迹情况与小麦季碳足迹类似，各处理之间由化肥、农药投入和灌溉量造成的碳足迹也是相同的(表 12-2)，但由于玉米季不进行土壤耕作，所以各处理的碳足迹没有差异，都为 621.2 kg/(hm^2·a)。在其组成中，化肥投入造成的碳足迹比例最大，达到 73.5%，其次是由农业机械消耗柴油造成的碳足迹，占到 13.8%，由于玉米季中不进行灌溉，所以由灌溉消耗电能造成的碳足迹为 0。

表 12-2 玉米季中不同耕作措施下的碳足迹

项目		不同耕作措施下的碳足迹/[kg/(hm^2·a)]					比例/%
		CT	ST	HT	RT	NT	
化肥	N	417.6	417.6	417.6	417.6	417.6	73.5
	P_2O_5	24	24	24	24	24	
	K_2O	15	15	15	15	15	

续表

项目		不同耕作措施下的碳足迹/[kg/(hm² · a)]					比例/%
		CT	ST	HT	RT	NT	
农药	除草剂	0.19	0.19	0.19	0.19	0.19	3.4
	杀虫剂	20.91	20.91	20.91	20.91	20.91	
柴油	耕作	0	0	0	0	0	13.8
	秸秆还田	33.28	33.28	33.28	33.28	33.28	
	播种	18.38	18.38	18.38	18.38	18.38	
	收获	34.09	34.09	34.09	34.09	34.09	
灌溉	电能	0	0	0	0	0	0
种子		57.75	57.75	57.75	57.75	57.75	9.3
合计		621.2	621.2	621.2	621.2	621.2	

12.4 小麦-玉米一年两熟体系下不同耕作措施的粮食碳成本

粮食碳足迹也称为粮食碳成本，小麦-玉米模式粮食碳成本是小麦-玉米模式碳足迹与粮食单产的比值(史磊刚等，2011)，小麦和玉米的碳成本分别是冬小麦和夏玉米碳足迹与各自单产的比值。

不同耕作措施的粮食碳成本在小麦季表现为 NT＞HT＞CT＞ST＞RT，玉米季的粮食碳成本表现为 NT＞HT＞CT＞RT＞ST(表 12-3)。在小麦-玉米一年两熟体系下，总的粮食碳成本最高的为免耕处理(NT)，为 0.169 kg/kg，其次为耙耕处理(HT)，为 0.161 kg/kg，最低的深松处理(ST)，为 0.144 kg/kg。这说明生产相同产量粮食的条件下，免耕措施需要更多的生产性物质投入来维持产量，这也从侧面说明长期的免耕措施不但会造成作物产量的下降，而且在生产过程中会造成更多的碳排放。

表 12-3 小麦-玉米一年两熟体系下不同耕作措施的粮食碳成本

耕作措施	小麦			玉米			合计/(kg/kg)
	碳足迹/[kg/(hm² · a)]	产量/(kg/hm²)	碳成本/(kg/kg)	碳足迹/[kg/(hm² · a)]	产量/(kg/hm²)	碳成本/(kg/kg)	
CT	803.8	8394	0.096	621.2	10104.8	0.061	0.157

续表

耕作措施	小麦			玉米			合计/(kg/kg)
	碳足迹/[kg/(hm² · a)]	产量/(kg/hm²)	碳成本/(kg/kg)	碳足迹/[kg/(hm² · a)]	产量/(kg/hm²)	碳成本/(kg/kg)	
ST	812.8	8774.3	0.093	621.2	12187.2	0.051	0.144
HT	797.4	8119.6	0.098	621.2	9922.2	0.063	0.161
RT	794.4	8635.8	0.092	621.2	10980.5	0.057	0.149
NT	787.2	7748	0.102	621.2	9229.7	0.067	0.169

参考文献

李克让. 土地利用变化和温室气体净排放与陆地生态系统碳循环. 北京:气象出版社,2000.

史磊刚,陈阜,孔凡磊,等. 华北平原冬小麦-夏玉米种植模式碳足迹研究. 中国人口·资源与环境,2011,21(9):93-98.

赵荣钦,秦明周. 中国沿海地区农田生态系统部分碳源/汇时空差异. 生态与农村环境学报,2007,23(2):1-6,11.

West T. O., Marland G. A.. Synthesis of carbon sequestration, carbon emissions, and net carbon flux in agriculture: Comparing tillage practices in the United States. Agr., Ecosyst. Environ., 2002, 91(1-3): 217-232.